NF文庫
ノンフィクション

ドイツ国防軍 宣伝部隊

戦時におけるプロパガンダ戦の全貌

広田厚司

潮書房光人新社

序

著者が一九六〇年台初頭に米東岸のワシントンを訪れたのは、同市の郊外にあるスミソニアン博物館のシルバーヒル倉庫（現在、当時の施設長の名前を冠した航空宇宙博物館ポール・ガーバー施設）に米空軍から移管された第二次世界大戦中の日本の接収軍用機を見るためだった。併せて調査のために国立公文書館を訪れた際に、偶然に米軍がドイツから接収したＰｋ《ペー・カー》宣伝部隊（プロパガンダ・コンパニエンの頭文字）が撮影した陸海空軍の戦時情景、兵器、将兵の日常などの膨大なネガ・ファイル・セクションを五階の収納庫の中で発見した。これがきっかけとなって欧州戦に関心を抱くようになり、その後のたびたびの調査訪問で研究のために多くの資料と写真のコレクションが始まった。それ以来、このような記録写真を残したＰｋ部隊とは何か、その目的は、その組織は、という疑問を長年抱き続けていた。

この写真記録は一九六〇年代中期に当時の西ドイツ政府の要請で米国からフィルム・ネガ

宣伝戦の始まり。1932年にナチ党首ヒトラーのポスターを貼る突撃(SA)隊員。

が返却された後、ライン河畔の古都コブレンツの国立公文書館で保管されるようになり、ここへも調査のために毎年のようにかよったものである。ワシントン訪問以来数十年の時がたち二〇〇〇年に現役の仕事を終えたころ、欧米でのＰｋ部隊の研究資料もいくつか現われるにおよび再びこのテーマに取り組むこととなった。しかし、情報は断片的であり、調査するほどに背景の大きさに翻弄される思いであった。

ナチ政権が支配するドイツ国家の自己主張の中心的役割を果たしたのは宣伝（プロパガンダ）であるが、政策上国民にナチ党（ＮＳＤＡＰ＝国家社会主義ドイツ労働者党）のイデオロギーを押しつけたのは、体制を維持するための国内統制の重要な手段だった。宣伝は政権の目的と合致させて国民全体を洗脳して操作するために運用され、強要的要素を恐怖に拡大させるナチ国家の不可欠な部分だった。そして独裁性を認めさせて、多種多様な国民の意見と提言を排除することが可能であり、国民同志（VOLK COMRADES）の男女のすべてを無条件で指導体制に従属させるものであり、戦争時における国民に対する政権の権力行使の手段でもあった。

無論、本書で語られることはそうした全体主義国家時代の広範囲にわたるプロパガンダの一部でしかないが、それでも一九三三年から一九四五年までの短期間ドイツを支配した独裁者ヒトラーと宣伝大臣のゲッベルスが設けた世界最初の宣伝省（帝国国民啓蒙宣伝省）と国防軍最高司令部宣伝部によって組織的に実行された、戦争と国民を結ぶ国家ぐるみの宣伝戦のアウトラインが見えてくるのである。

ゲッベルスによる宣伝スローガン・ポスター。一つの民族、一つの国家、一人の総統。

Pk宣伝部隊はゲッベルスの宣伝省と国防軍最高司令部のいわば合作組織である。とくにゲッベルスは足場のない軍の宣伝政策に介入するために、早くからPk宣伝部隊の構想を有し提案していた事実がある。そして国防軍は、第一次世界大戦時の戦訓分析において戦時宣伝の重要性に着目していた。ここに、一見異なる両者の組織間に接点があり、軍の組織、それも国防軍最高司令部の直接指揮下という重要な立ち位置に宣伝部が設けられたのだった。

国防軍宣伝部と密接な関係があった宣伝大臣のポール・ヨゼフ・ゲッベルスは一八九七年十月二十九日にライン河畔の人口三万人のライトの町で織物工場の支配人の三男として生まれたが、幼児のときの病気により片足に障害が残り、加えて、成長しても小柄でひ弱な体質で周囲から軽視される存在だった。司祭を目標にしたが果たせず、第一次大戦時の戦場にも出られなかったものの、若きゲッベルスはハイデルベルグ大学で博士号をとり心に大きな野心を潜めていた。

一九二二年半ばにゲッベルスはナショナリズム運動の中心地だったミュンヘンのクローネ・サーカス広場でアドルフ・ヒトラーの演説を聴き、心酔してナチ党へ入党した。多くの権力闘争の後にヒトラーはゲッベルスの弁舌と特異な能力を認め、ナチ党躍進のために一九二六年から首都ベルリンへ大管区長（ナチ党の行政地域で一九三八年に三二あった）として送り込んだ。

やがて、ゲッベルスは一九三〇年に「デァ・アングリフ（攻撃）」という過激な反ユダヤ主義を標榜する宣伝紙を発行してナチ党の宣伝戦の先頭に立ち、効果的なポスター、ある意味での心に響く演説を重ねて国民にアッピールした。一九三三年にヒトラーとナチ党が政権を奪取すると一九三五年からゲッベルスは宣伝大臣となり、国民と直結できる放送、映画、写真、新聞などを掌握し、大衆扇動により世論を操作し、ことにアーリア人の優位性を論じてユダヤ系を排したアンチセミティズム（反ユダヤ主義）を率先した。

一九三九年九月一日にヒトラーの欧州武力制覇政策によるポーランド侵攻で、ポーランドと条約を有する英仏両国がドイツへ宣戦布告をなして第二次世界大戦が勃発し、一九四〇年のオランダ、ベルギー、フランス電撃戦が行なわれ、ドイツ軍の連戦連勝によりゲッベルスは国内と海外宣伝で異彩を放った。

世界最初の帝国国民啓蒙宣伝省の大臣になったヨゼフ・ゲッベルス。

しかし、一九四一年冬のロシア戦におけるモスクワ攻略の失敗、そして一九四二年冬のスターリングラード戦ではドイツ第六軍が壊滅する戦況の転換があった。ゲッベルスは「これまでは国防軍の発表だけで良かったが、ここからが宣伝省の本格的な出番である」と活発に活動し、一九四三年二月十八日にベルリンのスポーツ宮殿で大衆に「総力戦」を呼びかけて国民の戦争への士気維持を図った。しかし、ドイツの敗勢は続き、一九四五年五月一日に総統壕で妻と六人の子供を道づれにして稀代のプロパガンディストは自殺して果てるのである。

時はさかのぼり、一九一八年の第一次大戦後にワイマール共和国となったドイツに残された一〇万人の国軍（共和国軍）は、一九三五年にヒトラーのヴェルサイユ条約廃棄と再軍備宣言によりドイツ国防軍（ヴェアマハト）と改称して、統括組織も陸軍総司令部、海軍総司令部、空軍総司令部となり、国防軍総司令官はブロムベルグ大将だったが実権を持つ最高司令官はヒトラーとなった。一九三八年に調整という名目で三軍総司令部の上に屋上屋を重ねる国防軍最高司令部が設けられて、名実ともにヒトラーが国防軍最高司令官となった。

この最高司令部でヒトラーの意を代行したのが総長ヴィルヘルム・カイテル元帥と三軍の作戦を統括する作戦部長のヨードル大将だった。この作戦部長のもとに新たに設けられたのがウェーデル大佐の率いる宣伝部であるが、国防軍の日々の公式発表である戦時広報と心理戦を含むＰｋ《ペー・カー》宣伝部隊を管理し運用した。

この部隊は正確にはプロパガンダ・コンパニエン（Propaganda Kompanien）と称して、直訳すれば「宣伝中隊」だが、本書では実態に即して総称を「Ｐｋ宣伝部隊」とした。陸海空三軍と武装親衛隊（ＳＳ）、それぞれにＰｋ宣伝部隊があり、陸軍の呼称はプロパガンダ

・コンパニエンで陸軍Pk宣伝中隊、あるいは部隊と表示した。空軍はLw KBK＝ルフトバッフェ・クリークスベリヒター・コンパニエン、つまり、空軍戦闘報道中隊だが、ここでは空軍Pk宣伝中隊、あるいは部隊とした。海軍はMAR KBK＝マリーネ・クリークスベリヒター・コンパニエン＝海軍戦闘報道中隊だが、同様に煩雑さを避けて海軍Pk宣伝中隊とした。また、武装親衛隊（SS）はSS・クリークスベリヒター・コンパニエンで武装SS戦闘報道中隊だが、同様にSS・Pk宣伝中隊あるいは部隊とした。

Pk宣伝部隊の報道員たちは、第二次大戦中に膨大な記録映画フィルムとスチール写真を撮影した。映画フィルムは毎週二万〜三万メートルが消費されたものの、最大の利用先であったドイツと占領地の映画館で上映される「ドイツ週間ニュース映画」（正式にはデァ・ドイッチェ・ヴォヘンシャウと称する）で総撮影量のわずかに六〜一〇パーセントが使用されたのみとされる。九〇パーセント以上の未使用撮影済みフィルムは破棄されたのか、あるいは

1942年のパリ市内。戦線ごとの戦況地図入り広報塔で下方にPKの文字が見える。

軍用車のフロント・ウィンドーに貼られたPk戦時報道員の表示と陸軍Pkカメラマン。

右から、ライカⅢを2台首から下げた海軍Pk宣伝隊員(マリーネ・クリークスベリヒター)。カメラをかまえる空軍Pk宣伝隊員(ルフトバッフェ・クリークスベリヒター)。SS(武装親衛隊)・Pk宣伝隊員(SS・クリークスベリヒター)。

将来の利用を考慮してどこかへ保管されたのかを確実に知ることはできず、編集時の映画フィルムのラッシュの行方もまた不明である。

このほかにベルリン南東のリューダースドルフに残されたとされる膨大なニュース映画フィルムは親衛隊（SS）の手で処分されたか、ソビエト軍との戦火の中で消滅したと推定されている。

しかし、冒頭に述べた連合軍が捕獲した膨大なスチール写真のネガはいかにして今日に残されたのであろうか。いくつかの記録と資料を読み解くと、おおよそ以下のような経緯と考えられる。

一九四五年春のドイツ敗戦時に宣伝省のポツダム・フィルム保存所のネガ類と各種記録はベルリン北方の町テンプリーンへ移された。次いで保管所はリューダースドルフへ移動し、同年四月初めにシュレスヴィッヒ・ホルシュタインへ小型船に積んで水路移送が試みられたが、連合軍の航空攻撃の脅威のために果たせなかった。その後、ベルリン地下鉄のオリムピック・スタジアム駅（オリムピアシュタデオン）のトンネル内に設けられた帝国保管所へ移されたが、ソビエト軍の包囲攻撃でベルリン陥落が迫ったために四月末に再びここから運び出された。

焼却をまぬがれた大量の写真フィルムは記録文書類とともに数両のトラックに積載されて、西方戦域の米軍戦線が展開するフランクフルトとライプチッヒの中間にあるランゲンザッツァへ向かったが、途中でトラック一両が故障して積荷ともども放棄された。一方、他のトラックは移動を続けてライン河畔のウィスバーデンに至ったときに進撃してきた米軍の偵察隊に停止を命じられ、積荷が押収・調査後にワシントンの国立公文書館へ移管された。そして戦後二〇年を経て当時の西ドイツ政府へ返還されたが、まだ残存記録が米国立公文書館（NARA）にあるとされるが著者は確認することができなかった。

また、ヒトラーのお抱え写真家だったハインリッヒ・ホフマン撮影によるカラー・ネガもほぼ同時期に家族に返還されたが、その直前に米国の大判グラビア雑誌「ライフ」にヒトラーとナチ党の祭典など一部の写真が掲載されて話題を呼んだ。また、別の写真ネガ類はナチ時代の組織だった帝国報道局が旧東ドイツ情報局の通信社ADNエージェンシーに衣替えして保管されていたといわれる。

ドイツ公文書館はPk報道カメラマンが撮影した一〇万枚以上のフィルム・ネガとSS（武装親衛隊）・Pk宣伝部隊が撮影した三五ミリ版コンタクト写真（ネガは焼却された）、および戦時中にプリントされた多数の写真を保有している。その他、コブレンツの旧要塞跡を利用した倉庫には映画、ニュース映画や他の記録フィルムが保管されており、著者も数本のサンプル映写を実際に見ている。

一方、ドイツ占領下のフランスのパリはPk宣伝部隊の大きな拠点であった。このために、フランスが押収した写真ネガは約三六万枚もあり、これはパリ近郊にあるECPAD

(Etablissement de Communication et de Production Audiovisuelle de la Defense) に保管され、インデックス用のブロニー板のプリント写真が張られた多数のアルバムに整理保存されている。これらドイツとフランス両国の保存写真の撮影期間は一九四四年十一月までのものとされていたが、最近の研究から一九四五年春のものも含まれていることが分かっている。

現在、Ｐｋ報道員が身を挺して撮影した貴重なスチール写真の研究と解析が世界の研究者の手で行なわれており、新たな発見により短かったが世界を震撼させた激動の時代の歴史の一部をさらに明らかにしてくれるであろう。

最後に構想はあれどもなかなか筆の進まぬ本書の脱稿を数年も辛抱強く待っていただき、刊行に漕ぎつけて下さった潮書房光人新社編集部に紙上を借りてお礼申し上げたい。

ドイツ国防軍宣伝部隊――目次

目次

第3章 プロパガンダ部隊

ドイツ国防軍宣伝部隊

——戦時におけるプロパガンダ戦の全貌

第１章　ナチ帝国と宣伝

宣伝省

第一次世界大戦後の一九二二年六月に古都ミュンヘンで熱弁をふるうアドルフ・ヒトラーの演説で、自らの歩む道を選択した二五歳の若き虚無家のヨゼフ・ゲッベルスはナチ党（国家社会主義労働者党）に入党した。それから一〇年、紆余曲折後の一九三三年一月にヒトラーとナチ党は選挙で勝利を収めてドイツ第一党となったが、真の立役者は宣伝の価値を知り抜いて激烈な選挙戦を展開したゲッベルスだった。

著書『我が闘争（マインカンプ）』の中で「国民に対する宣伝が完全に機能するならば理念の勝利が可能になり、体制が特権的、厳格的、毅然的に全闘争をやり遂げることができる」と記述するほど宣伝手段とその影響力を知るヒトラーは、政権を握った一九三三年三月に国家機関の一つとして世界最初の宣伝省（正式には帝国国民啓蒙宣伝省と称したが、以下、

最盛期には15000人を擁したベルリンの
帝国国民啓蒙宣伝省。

本書では単に宣伝省とした）を設けた。

当時、ベルリン市の大管区長（ナチ時代の行政区分の上位指導者でガウライターと称した）となっていたゲッベルスが宣伝大臣に就任すると、国民に対してこう演説している。

「わが政府は国民を啓蒙するための宣伝を実施する。国民に消極的啓蒙宣伝と積極的啓蒙宣伝を行ない、もって、国民が我々の求めに応ずるまで働きかけを続行することを本質的目的とする」

つまり、大衆をナチ政権の言いなりになるようにするということである。

この宣伝省はベルリンの官庁街であるヴィルヘルム大通りに面するレオポルト宮殿を本省として発足したが、一九三九年には手狭となり新ビルを併設するが、最終的に借り上げビルを含めれば五五ヵ所に職員が分散する大官庁となった。ちなみに一九三三年発足時の要員数は、宣伝大臣以下の次官三名、審議官四名、局長八名などを筆頭に三五〇名の職員態勢だったが、三年後の一九三六年には二四〇〇名、一九三七年に三〇〇〇名、最盛期の一九四二年

ラジオ放送を宣伝戦に用いて国民を操ったゲッベルス。

には一万五〇〇〇名規模にまで膨らんだ。

　のちに総統官房でヒトラーの報道官として影響力を誇り、強力なライバルとしてゲッベルスを悩ませることになるヤコブ・オットー・ディートリッヒは、宣伝省の支配下にある民間放送、新聞、雑誌、美術、映画、文学などを統制する帝国文化院副総裁のヴァルター・フンクとともに、一九三七年～一九四五年まで宣伝省の第Ⅰ次官のポストについていた。第Ⅱ次官は一九三七年～一九四〇年までゲッベルスの初期副官だったカール・ハンケとゲッベルスを支えた有能なレオポルト・グッテラーが一九四〇年～一九四四年まで務め、第Ⅲ次官は最初から最後までヒトラーに次ぐ党員番号二番の古参党員だったヘルマン・エッサーである。

　宣伝省が発足するとゲッベルスは他の省庁が管轄していた多くの文化権益を貪欲に集めて管理し、当初は九局から始まり一二局になり最終的に一六局に増加した。中心局は管理局、宣伝局、国内新聞局、海外新聞局、雑誌出版局、放送局、映画局、演劇局、音楽局、美術局、文学局などであるが、宣伝において重要な役割を果たす国内新聞局、海外新聞局、雑誌出版局は第Ⅰ次官の管理下にあった。国内新聞局長は新聞二三〇〇種を管理監督する有能な専門家のハンス・フリッチェ（一九三七年から一九四二年まで）であったが、一九四二年からは放送局長に転じた。

なかでもゲッベルスが重要視したのは当時最新のメディアであったラジオ放送であるが、海外向け短波放送は一九三三年からベルリン付近のツェーゼンにある強力な一〇万キロワット出力の放送局から電波を発信した。これは第Ⅱ次官の管轄下にあり、初期局長はオイゲン・ハダモウスキーである。

ゲッベルスは国民を洗脳するために広範囲かつ迅速に直接家庭に声を届けることのできるラジオ放送を最大の武器とした。そしてラジオの大衆普及化に取り組んでＤＫＥ38型という三五ライヒスマルクの安価なラジオを提供し、ドイツ家庭の七〇パーセント以上に設置して世界最高の普及率を達成した。

もうひとつ、ゲッベルスが個人的関心と影響力の観点から強く関与したのが映画局であるが、局長は演劇局長も兼務したハンス・ヒンケルである。

さらにゲッベルスは宣伝省の下部組織を設けて民間の文化活動を一元的に管理した。これは帝国文化院と称して、分野ごとに設けられた評議会で構成されるが、ゲッベルスが総裁で副総裁は宣伝省第Ⅰ次官のヴァルター・フンクだった。

国民の統制上重要な報道評議会には新聞と出版が含まれて最終的に宣伝省国内新聞局が管理し、放送評議会は宣伝省放送局の監督下にあってドイツ帝国放送協会が含まれていた。同様に映画評議会（管轄は宣伝省映画局）、音楽評議会（宣伝省音楽局）、演劇評議会（宣伝省演劇局）、芸術評議会（宣伝省芸術局）、文学評議会（宣伝省文学局）などがあった。

文字どおりドイツの文化はほとんどすべてゲッベルスに管理されていたといっても過言ではない。しかし、ヒトラー帝国の中のミニ・ヒトラーとして絶大な権力を行使したゲッベルスだったが、ナチ政権下の権力機構は複雑で限界も政敵もあった。その強力なライバルの一人がオットー・ディートリッヒだった。

ゲッベルスを終始悩ませたヒトラーの報道官オットー・ディートリッヒ。

オットー・ディートリッヒ

ヤコブ・オットー・ディートリッヒは一八九七年八月三十一日にエッセンに生まれ、第一次大戦後に政治と経済学を学んだ後に「エッセナァー・アルゲマイネ・ツァイトング」（エッセン一般新聞）で働き、一九二八年に「ミュンヘン＝アウグスブルグ」夕刊紙の経済部編集長を務めた経験豊かなジャーナリストで、同時にミュンヘンの社会主義サークルのメンバーだった。一九三一年八月にヒトラーがディートリッヒをナチ党中央宣伝局の帝国新聞部長（ライヒスプレッセチェフ）に指名し、翌一九三二年にSS（親衛隊）に入り一九四一年に親衛隊大将と同じ集団指揮官の称号を得ている。

このディートリッヒは一九三二年のヒトラーとナチ党の選挙時に党のキャンペーン部長としてライン地方の重工業企業と結託して選挙宣伝キャンペーンを行なった。この功績でナチ党が政権を取るとヒトラーに重用されてドイツ新聞協会会長として新聞界をリードし、ナチ政策と同調させる重要な役割を演じた。

ディートリッヒは宣伝省の第Ⅰ次官でもあり、宣伝省の下部組織の帝国文化院の報道評議会にも大きな影響力を保持しつつ、一九三七年から一九四五年までヒトラーの報道官、あるいは報道部長としてナチ主義を媒体で美化する責任を有していた。こうしたヒトラーの個人的報道官としての権威付けにより、宣伝省設立以前から媒体宣伝の分野でゲッベルスを脅かしていたのである。

一方、ゲッベルスはナチ党政治局報道部長として新聞に影響力を行使していた副総統のルドルフ・ヘスの権限を宣伝省へ統合しようと試みたが達成できなかった。しかし、一九三三年五月に宣伝体制の調整が行なわれて、宣伝省は宣伝全般に責任を負い、ディートリッヒはヒトラーの意を汲む帝国報道部長となり、党と実業界のパイプ役だったヴァルター・フンクはヒンデンブルグ大統領（当時、ヒトラーは首相）の報道部長という分割宣伝体制となった。

先に述べた帝国文化院の報道評議会は新聞出版協会会長のマックス・アマンが議長となり、多くの高官による高度な関与で機能が重複したものの、ナチ政権とゲッベルスにとっては国民に大きな影響力を行使できる新聞各紙の掌握が完全となった。加えて、副総統ヘスが率いたナチ党政治局と外務省（外務大臣はフォン・ノイラートでのちにフォン・リッベントロップに交代する）が一定範囲だが自己の報道部門を保有して管轄権を主張していた。だが、翌一九三四年八月のヒンデンブルグ大統領の死去によりこのバランスが崩れてフンクの役割がディートリッヒに統合された際に、ゲッベルスはヒトラーの報道部長の廃止を求めた。無論、ディートリッヒは強硬に反対し、ヒトラーはといえば両者がどう機能するかを議論しただけだった。

一九三八年にはさらに煩雑になった。ヒトラーはディートリッヒを宣伝省第Ⅰ次官としながら、ヒトラーの代理として新聞の管轄権を行使できる、いわば報道長官のような役割を付与した。新聞に関与するゲッベルス、ディートリッヒ、マックス・アマンはナチ党では同レベルのヒエラルキー（階層）であるが、国家構造の中でのレベルは異なっていた。つまり、表面的にディートリッヒはゲッベルスの宣伝省の第Ⅰ次官として帝国新聞評議会に関与し、マックス・アマンは新聞評議会議長としてゲッベルスとディートリッヒの補佐役であった。

いずれにしても、ディートリッヒは一九三四年二月からナチ政権が管理する新聞界でヒトラーの判断と決定、あるいは意思の遂行を継続していた。加えて、ディートリッヒは長年の

プロパガディストたち。左からヒトラー、シャウブ副官、ゲッベルス、ディートリッヒ。

経験と強い影響力により主要新聞や地方新聞へ関与してゲッベルスとの権限調整を拒否していた。このディートリッヒのパワーはヒトラーを背景として一九三三年～一九三九年に拡大し、ヒトラーの意思を帝国報道部長として新聞界に発表することで宣伝省の権益を侵害してゲッベルスと対立していたのである。

ディートリッヒの役割は拡大してヒトラーの公式指令を記者会見で伝える「帝国報道部長による報道」、つまりターゲスパロール（ターゲス・パローレン・ライヒスプレッセチェフと称した）が第二次大戦初期のフランス電撃戦後の一九四〇年十一月から開始された。このターゲスパロールは宣伝省の放送と新聞に対するガイドライン指示より優先されるので、結果的にゲッベルスの権威を弱体化させるものだった。

そうではあったが、ディートリッヒは国家レベルでの宣伝大臣の権力が強固であることも充分承知していて、一九四一年には自分の代理連絡者を設けて宣伝省で日々開かれる記者会見へ出席させて表面的な連携を図っていた。

宣伝省でゲッベルスを補佐したルドルフ・ゼムラーは宣伝省内での権力争いと混乱についてこう述べている。

「宣伝省の二四号室が帝国の新聞管理の中心部であったが、政策運営でディートリッヒはゲッベルスを迂回し、ゲッベルスはその逆をいった。外務大臣リッベントロップと党理論家のアルフレート・ローゼンベルグは不満を示して自己主張を行ない、ここへ総統官房のヒトラー秘書のマルチン・ボルマンも介入して、宣伝省の職員は矛盾と混乱する指示の中で選択を迫られた」

このような状態はドイツが開始した戦争で電撃的な勝利と極地的成功が見られた一九三九年から一九四二年後半まで続いてゲッベルスを苛々させた。しかし、ゲッベルスはより効果の高いラジオ放送を掌握していたために余裕があったといえる。日々、宣伝省で行なわれる記者会見でディートリッヒの代理は総統の意を示すターゲスパロールこそが帝国から全媒体への指示であると主張する紛らわしい流れは一九四二年まで続けられた。

有能な宣伝省国内新聞局長のハンス・フリッチェは、かつてドラートローゼ・ディエンストというラジオ・ニュース・サービス会社の役員として豊富な経験と融通性を備えた人物であるが、ドイツ敗戦後の一九四六年のニュールンベルグ戦争裁判において「ディートリッヒのターの妨害にはまったくうんざりしたものである」と語っている。確かにディートリッヒのターゲスパロールの権威を振りかざす新聞報道への介入は優先度が高いだけにゲッベルスにとっては厄介であった。

フォン・リッベントロップ

ナチ政権内において宣伝大臣ゲッベルス、空軍大臣ゲーリング、親衛隊（SS）長官ヒムラー、副総統ヘス、外務大臣リッベントロップ、国防軍情報部長（アブヴェア）カナリス提督などの政権中枢は、縦組織として独裁者ヒトラーへ情報の提供をするが、横相互の連携はなかった。このために権力者たちは自衛上、独自の情報網やある意味の宣伝行動が必要だったのである。

宣伝権益でゲッベルスと対立した外務大臣フォン・リッベントロップ。

一九三八年二月に表面は健康上の理由で辞職した外務大臣フォン・ノイラートの後任は尊大横柄なヨアヒム・フォン・リッベントロップとなった。

リッベントロップは一八九三年四月三十日にニュールンベルグで生まれた。弱年時に銀行員見習のほかにカナダや米国で一時働いたが、第一次大戦時には中尉として従軍している。一九二〇年に裕福な醸造会社の経営者の娘と結婚して養子となり貴族を示す称号フォンを名乗ったが、ベルリンではワインセールスマンなどと称された。他のナチ幹部らと異なりナチ党に加わった時期は遅く一九三二年五月だった。その後、ヒトラーの外交政策顧問として活動し、一九三五年六月十八日に英独海軍条約締結を成功させている。

一九三六年から一九三八年までリッベントロップはロンドンのドイツ大使だったが、横柄で頑固な態度により外交は柔軟性を欠いて巧くいかなかった。しかし、リッベントロップは「これこそドイツと英国の和解できない相違の立証である」とする考え方がずっと影響を与えていたといわれる。その後、一九三九年八月二十三日にヒトラーと図ってソビエトと独ソ不可侵条約を締結したものの、第二次大戦中は外務省とリッベントロップの力はどんどんと下落していった。

これに先立ち、前外務大臣のノイラートは海外宣伝権益をゲッベルスに侵害されて抗議したが、結局、一九三三年五月に短波放送の宣伝省への移管に続き、同年六月三十日のナチ条例をもって外交政策上の海外宣伝も譲渡していた。ところが、リッベントロップが新外務大臣に就任するとゲッベルスに奪われた海外宣伝を取りもどそうと試みるが、ゲッベルスやディートリッヒと異なりナチ党内に強固な足場がなく、この企ては成功しなかった。

ヒトラーは欧州を武力制覇するために海外から取得するリッベントロップ情報に頼ったという側面があった。また、ドイツ外務省は海外のドイツ大使館で行なっていた情報収集と海外宣伝機能を利用することで宣伝省との境界を曖昧にさせているうちに、一九三八年～一九三九年にかけてドイツの状況が劇的に変化した。

ロシア侵攻戦で内外記者を集めて会見を行なうリッベントロップ(右中央に立つ人物)。

宣伝省には海外新聞局があってゲッベルスの抗議にもかかわらず、リッベントロップは外国新聞への報道会見を独自に開いていた。例えば一九三八年九月のチェコ＝スロバキア併合時においてリッベントロップは、ゲッベルスのもう一人の強固な敵だったディートリッヒと組んで宣伝省へ政策指令を発したりした。他方、海外に居住するドイツ人のための「在外ドイツ人協会」を管理するナチ党政治局はヘス副総統の影響下にあり、その活動をめぐってリッベントロップとの間でも摩擦が起こった。

また、ヒトラーは一九三九年五月に、たとえそれが宣伝省の役割であったとしても外務省に新聞部を設けてもよいと許可したためにややこしいことになった。このときヒトラーはリッベントロップとともに密かに進めた独ソ不可侵条約の締結と、迫るポーランド侵攻戦に対する宣伝強化策の一環として、宣伝省と帝国放送評議会の中心となるべき帝国ラジオ放送会社の設立を許可した。これはKA‐R（クルトーァポリティシュ・アプタイルンク・ルントフンクレフェラート＝

文化政治報告局）と称された。

しかも、ポーランド侵攻戦が発生して一週間後の一九三九年九月八日に、総統指令により海外宣伝の実行をリッベントロップの外務省の指揮下に移管したために宣伝省にとっては甚だしい妨げとなった。この結果、宣伝省は放送施設を提供するのみとなり、外務省は放送施設を拡充しないということになったが、実情は確執深いライバル関係のままであった。

こうして、ゲッベルスとリッベントロップの対立は激しくなり、その結果、宣伝省の放送と新聞管理関係の職員を混乱させた。そんな一つの例にホーホー卿事件がある。一九三三年に英国のファシスト党員で反共産と反ユダヤ主義者だったアイルランド系英国人のウィリアム・ジョイスは、第二次大戦直前にドイツへ入国すると、ゲッベルスが英語アナウンサーとして採用して対英宣伝放送に従事させた人物だった。

ドイツの対外短波放送アナウンサーだった英国人のウィリアム・ジョイス。

英国ではジョイスの独特の甲高い声と電波の発信地から「ゼーゼンのホーホー卿」と呼ばれるようになったが、当初、英国でも多くの人々が興味本位から聴取するという驚くべき成果があった。しかし、ジョイスはドイツの電撃戦の勝利を背景として調子に乗って、チャーチル首相を罵り英国民を軽蔑したので人々はラジオのダイアルを合わせなくなり、ゲッベルスはジョイスを解雇した。ところが、リッベントロップがゲッベルスへの対抗心から高給をもってジョイスを再雇用して再び英語アナウンサーとして戦争の終了時まで続行させたが、もはや宣伝効果は望めず、ゲッベルスも不関与を決め込んだ。ちなみにこのホーホー卿は大戦後に反逆罪により英国で処刑されている。

リッベントロップは一九三九年のポーランド戦、一九四〇年のフランス戦、一九四一年春のバルカン戦と同年夏のロシア侵攻戦までは強固な立場を誇っていたが、一九四一年春のユーゴスラビア、ギリシャ制覇のバルカン作戦時に、占領したユーゴスラビアのラジオ放送局を国防軍最高司令部と結託して宣伝省を迂回する策によって獲得したりした。

これは、海外占領地のラジオ放送局のコントロールが目的であったが、宣伝省にとっては大きな屈辱となった。この動きに激怒したゲッベルスは総統官房長官のハンス・ラマースを通じて二度にわたって抗議と懇請を行なったが、ヒトラーは両者に妥協するように促しただけだった。無論、ゲッベルスは過去三年にわたる外務省との確執の原因が、ヒトラーの外交政策を固めるためにリッベントロップ重用の力学的理由からくることを理解していた。だが、こうした内政上の宣伝権益の侵害はゲッベルスにとって看過できない悩ましい問題として存在していた。

アルフレート・ローゼンベルグ

ゲッベルス、ディートリッヒ、リッベントロップの間に割って入ったのはアルフレート・エルンスト・ローゼンベルグである。ローゼンベルグは一八九三年一月十二日に帝政ロシア領のエストニアに生まれ、第一次大戦時はロシア軍に加わったがロシア革命後にミュンヘンへ移住して反ユダヤ著作活動後、ナチ党に入党して党機関紙「フェルキッシャー・ベオバハター」の編集員となった。また、初期のビァホール一揆（一九二三年十一月にナチの企てた革命行動）にも参加している初期党員でもあった。ローゼンベルグによるナチ政権好みの『二〇世紀の神話』というアーリア人の優越論を説く著作はナチ思想の書とされてきた。一九三三年にナチ党対外政策全国指導者になっていたが、政権での影響力はなく国防軍や親衛隊にも足場はなかった。

1942年にウクライナ総督となったアルフレート・エルンスト・ローゼンベルグ(中央)。

この初期ナチ主義の思想家兼政治家はすでに政治的立場は弱体化していた。だが、一九三四年から独立してローゼンベルグ機関を立ち上げ、党理論家として党の地方支部へ向けたナチ教義書やナチ党宣伝雑誌などを発刊し、宣伝省、外務省、労働戦線を率いるロベルト・ライの分野でも権益を侵害し、一方でリッベントロップを毛嫌いして個人攻撃を行なっていた。そんなローゼンベルグが一九四一年になってからの再登場はナチ政権の無計画さの見本であった。

それは、一九四一年夏以降の対ロシア戦により獲得した占領地を治めるための政治的再編が必要となり、ローゼンベルグがヒトラーの代理としてナチ主義の世界観を実行する東方占領地大臣として占領地ウクライナ総督に任命されたからである。このために様々な分野で外務省の権益と衝突し、おまけに一九四一年十月に占領地に放送局を設置して宣伝活動を行なうことをヒトラーに許可されたために、ゲッベルスの宣伝省への権益侵害も生じた。

このような一九四一年十月にゲッベルスとリッベントロップとの間で地方分権に関わる合意が行なわれた。一方で帝国報道部長のディートリッヒにとってもローゼンベルグの東方占領地域の総督任命は自己の新聞管理権益に対する脅威と映った。これは、遅れてやってきたローゼンベルグが様々な政策や司法面で既得権者たちと摩擦を起こしたからである。

このような状況の中でローゼンベルグは一九四三年まで自分の総督管轄地という領域でゲッベルスやリッベントロップの権益干渉を排除してミニ・ヒトラー的帝国を築くことに懸命だった。だが、ローゼンベルグ・パワーは宣伝省と外務省に対抗する組織を生み出すことはできず、加えて短期間の後にソビエト軍の反撃により占領地は奪還されてしまった。

マルチン・ボルマン

マルチン・ボルマンは一九〇〇年に郵政官僚の息子としてハルバーシュタットで生まれ、第一次大戦時に砲兵連隊で訓練中に戦争が終結した。その後、農業のほかに不動産検査員などの職業につきながら、メクレンブルグの反ワイマール共和国秘密結社で活動した。また、ボルマンは共産党のスパイ嫌疑で殺害された教師事件に関与して一年の禁固刑を受けた後に、ワイマールで「デル・ナツィオナルゾツィアリスト＝国家社会主義」という週刊雑誌で働いた。一九二七年に突撃隊員（ＳＡ）となりナチ党にも入党してミュンヘンの党本部の会計係となり、勤勉と優れた会計処理能力により党の資金管理を任されると財界から資金を獲得して党財政をしだいに潤していった。

ヒトラーの金庫番兼総統秘書として影響力を行使したマルチン・ボルマン。

ヒトラーが政権を取った一九三三年に副総統のヘスがボルマンを局長級の秘書長に据え、次いで個人的なヒトラー秘書となり、産業界から資金を集めてナチ党財政を豊かにした。ボルマンは党とヒトラーの金庫番として、ヒトラーのベルグホフの山荘経費などのさまざまな機密出費を賄った。一九三九年のポーランド侵攻戦以降はヒトラーにとってボルマンは不可欠な存在となり、総統官邸内部の仕事の多くを任せた。

そしてボルマンはナチのイデオロギーと関連する国内政治の実行時には、権限の枠を越えて多くの政策に関与した。また、アーリア人優勢の人種論においては狂信的でさえあり、多くの権力者たちにとってヒトラーの前に立つ関門となった。

本来は副総統のルドルフ・ヘスがその役割を果たすはずだったが、一九四一年五月に和平交渉と称して自らメッサーシュミットBf110双発駆逐機を操縦して英国へ飛行したが拘禁されてもどらなかった。かくてボルマンはヘスの権益をも受け継ぎ、多くの人事情報ファイルを駆使して総統指令を実行し、戦争中期の一九四三年四月に総統秘書から総統官房長となり、一九四五年五月のドイツ壊滅までつねにヒトラーの傍で秘密資金を賄うことで権限を強化し、総統指令を仲介して国家活動を操作した。

宣伝大臣ゲッベルスによれば、ボルマンは一日二〇時間働き、総統官房を報告書官房に代えてしまい「私を通過せずに誰も総統には会えない」というモットーを造り出したと述べている。

一方、一九四三年になると、ヒトラー側近の総統報道部長のディートリッヒと外務大臣リッベントロップはしだいに信頼と権威を失い、ヒトラーはベルリンの総統官邸とアルプスのオーベルザルツブルグの山荘に籠るようになった。このとき以降、ヒトラーともっとも身近に接したのはボルマンで、ヒトラーの意思を表明する立場となった。ボルマンは親衛隊のヒムラーと連携しながら、一方ではゲッベルスがボルマンの影響力を利用しようと接近した。

総力戦と称して国民突撃隊を編成しベルリンで閲兵するゲッベルス（左方壇上でナチ式敬礼をする人物）。

一九四二年から翌一九四三年のロシア戦線はスターリングラードにおける大敗の衝撃の中で、第一次大戦時にヒンデンブルグ元帥が提唱した「トタルクリーク＝総力戦」をゲッベルスが借用して、宣伝戦の中核として据えるべくヒトラーに提案し、ヒトラーは委員会を設けて検討するように命じて、委員にボルマンを大臣級の扱いで起用した。ほかにゲッベルスと国防軍最高司令部総長カイテル元帥も助言者としたが、ゲッベルスは宣伝戦の何たるかを知らない第一次大戦時の老将軍をあからさまに非難した。

一九四四年六月初旬に連合軍による欧州大陸反攻のノルマンディ上陸戦が成功すると、ドイツは東方のソビエト、西方の英米軍との二正面作戦により危機的状況となり、同年七月二十六日に委員会は頓挫してしまった。しかし、ゲッベルスはヒトラーとの権益的距離をつめるためにボルマンと協調する宣伝政策遂行を図った。

結局、ゲッベルスが総力戦の総責任者となり、その推進のために宣伝省次官のオイゲン・ハダモウス

SS(親衛隊)長官ハインリッヒ・ヒムラー。

キーに多くの決定権を付与した。ボルマンと図ったゲッベルスの総力戦の典型的な政策の一つが、実際は戦力とはとてもいえない老人、少年、負傷兵らによる国民突撃隊の編成だった。そして、ゲッベルスにとっては大戦末期にボルマンとの良好な関係の構築に注力することで、戦争最後の一年における自己権力の延命を達成するのに利用したのである。

ハインリッヒ・ヒムラーとアルベルト・シュペア

入り組んだナチ政権の宣伝戦遂行構造には別の権力組織も介入していた。それはハインリッヒ・ヒムラーの率いる親衛隊（ＳＳ）であり、ヒトラー護衛に始まる私兵組織から発展して一一以上の本部を有する巨大組織となっていた。国民の生命を握る国家保安本部（ＲＳＨＡ）には保安課報局（ＳＤ）や保安警察（ＳＤ）と傘下に秘密警察（ゲシュタポ）があり、これらは宣伝省に大きな影響を与えていた。

とくに保安警察はナチ党支部を通じて一般住民の動向（世論）を調査し、一般国民報告書を作成して主要な国家機関へ国民動向として送付していた。この報告書は宣伝大臣ゲッベルスの政策に関する国民の反応という視点で重要な意味があり無視できないものだった。

例えば、戦争の実態を国民に知らしめて危機感を抱かせ、体制を引き締めて総力戦に備える意図のある宣伝政策の国民の反応を調査して、「ゲッベルスの敗北主義には疑念が持たれる」との報告書が配布された。秘密警察を有するヒムラーの権力は脅威でありゲッベルスといえども直接対決することはできず、宣伝省は国防軍による戦時制約と牽制し合うナチ政権機構の中で活動せねばならなかったが、ゲッベルスの宣伝政策はかなり独自色の強いものだったのは事実である。他方、軍事面ではSS作戦本部には実戦部隊たる武装親衛隊（ワッフェンSS）があり、SS部隊の活動を宣伝するためにSS・Pk宣伝部隊が国防軍宣伝部の管轄下に置かれてSSの戦場部隊へ派遣された。

前線で消耗を続けるドイツ軍兵士の補充、つまり、徴募はつねにドイツにとって大きな問題だった。そして一九四一年夏以降のロシア戦線における膨大な兵器や資材消耗が国民経済を悪化させていた。そのような一九四二年二月初旬にフリッツ・トート軍需大臣の航空事故死を契機として、ベルリンで千年首都を標榜するゲルマニア計画をヒトラーとともに進めていた建築家のアルベルト・シュペァが後継軍需大臣となり生産に優先順位をつけて兵器増産で成果を挙げ、ゲッベルスは自らが提唱する総力戦の観点からシュペァの政策に賛同していた。

また、ゲッベルスは「宣伝戦は兵器生産と同じく重要な役割を果たす」と固く信じていた。

捕獲したソビエトのT34戦車に試乗する軍需大臣アルベルト・シュペァ。

このために、軍需大臣シュペァと帝国防衛委員会のフリッツ・ザウケル（労働力総監）との連絡調整役に大きな権限を与えたナチ党宣伝担当で宣伝省高官のヴェルナー・ヴァハターをとくに派遣していたほどだった。

しかし、後になってゲッベルスは動員政策に関してこの二人とは異なる考えを有するようになり、国民の娯楽産業を減じて国民を引き締めて総力戦の準備体制構築に邁進した。また、ゲッベルスは戦況の悪化から占領地や外国の宣伝事務所を閉鎖して宣伝活動を断念する一方、戦争の最後の段階において他国からの労働者の徴募を認めるなどさまざまな手段を講じ続けた。

ゲッベルスは一九四三年〜一九四四年にかけて撤退を続ける前線へ派遣されたPk《ペー・カー》宣伝部隊（後述）の報道員やカメラマンに、新たな戦意高揚のための宣伝素材を要求し続けた。そのために、Pk宣伝部隊が必要とするアグファ・フィルムを充分に獲得すべくシュペァ軍需大臣と激しい議論をしたほどだった。ドイツ諸都市では連合軍機による空襲が激しかったが、劇場で上映される「ドイツ週刊ニュース」の制作と上映は続行された。この必要性のためにゲッベルスは映画館の防衛に対空砲の配備を要求したが、軍事的観点から空軍対空部隊には拒否されたが、SS（親衛隊）は国民誘導の見地から同意したのはニュース映画宣伝政策を重要視したからだった。

国防軍（OKW）

国家政策と国民制約の両面で大きな権力を有したゲッベルスの宣伝省であったが、他の政府機関やナチ政権の権力者たちとの対立も抱えていて、とくに国防軍に対しての発言権は弱かった。そこでゲッベルスは国防軍と協調することで不足する権力基盤を強化すべく、「連携宣伝」を第二次大戦の前年から開始していた。一九三八年初期に国防軍内で旧体制指導層であるフォン・ブロムベルグ大将とフォン・フリッチュ大将が排除されると、国防軍の指導体制は直接に総統ヒトラーの意思とナチ党の政策を反映することになった。

一九三五年の国防法と再軍備宣言によりワイマール共和国軍は国防軍（ヴェアマハト）と改称され、一九三八年に三軍総司令部の統括名目でヒトラーを最高司令官とする国防軍最高司令部（OKW）が設けられ、総監としてヒトラーの代理を務めたのがヴィルヘルム・カイテル大将（のち元帥）である。重要な作戦部長はアルフレート・ヨードル大将だったが、宣伝戦を重要視した国防軍は新たに宣伝部を設けてヨードル大将の指揮下に置いた。

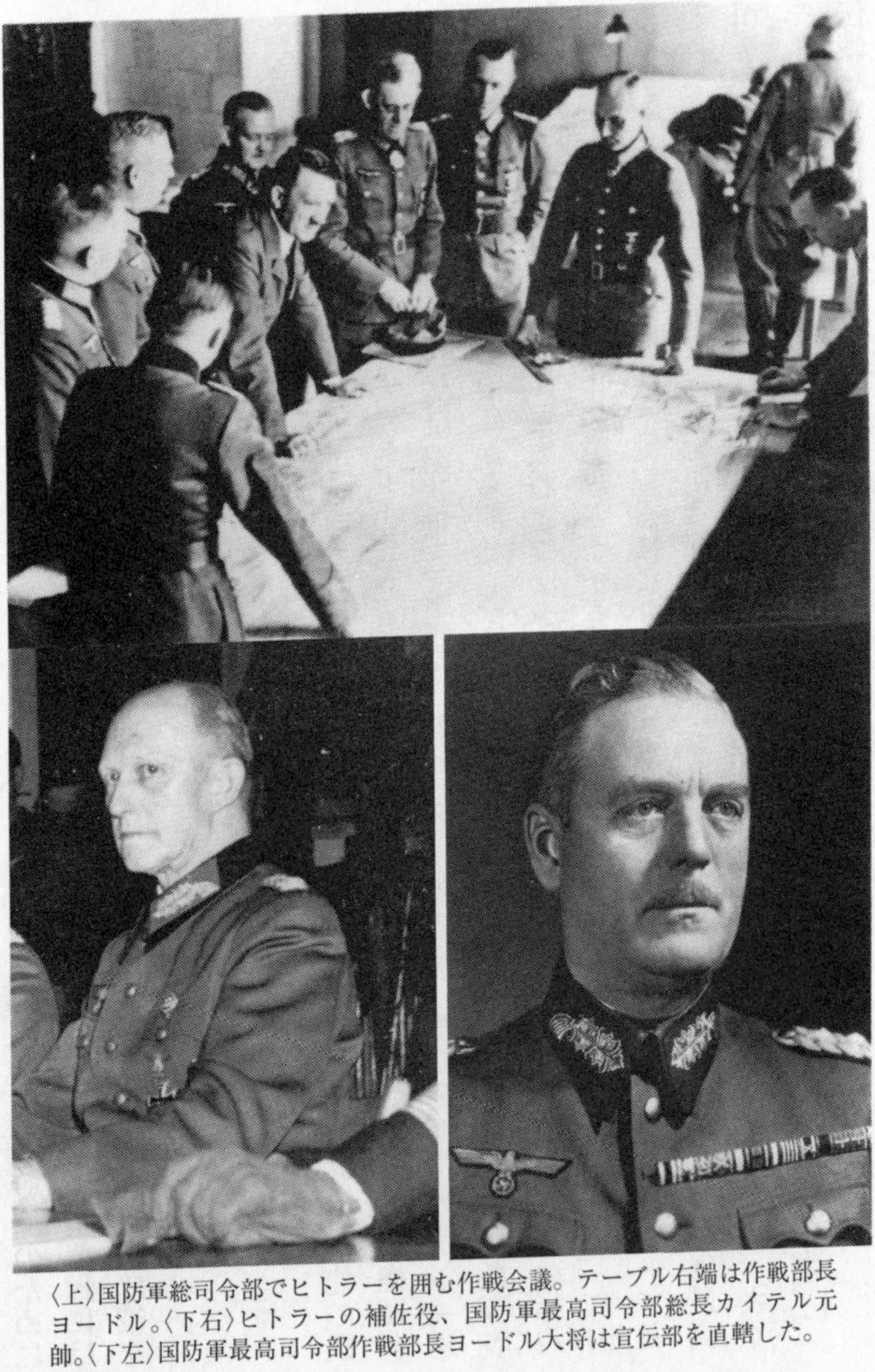

〈上〉国防軍総司令部でヒトラーを囲む作戦会議。テーブル右端は作戦部長ヨードル。〈下右〉ヒトラーの補佐役、国防軍最高司令部総長カイテル元帥。〈下左〉国防軍最高司令部作戦部長ヨードル大将は宣伝部を直轄した。

こうした軍の大きな変革の流れの中でドイツ国内と海外への国防軍の公式コミュニケとなる軍事広報（ヴェアマハトベリヒト＝国防軍報告書）の発表が実施されるようになったが、これについては宣伝省と軍の宣伝部が一九三五年ごろからすでに検討を行なっていたという記録もある。

いずれにしても、宣伝省は宣伝の一種である軍事広報の発出を承認することで国防軍に足場を設け、以降の軍事宣伝戦に参画することを意図したのだと英国の歴史家アリストーレ・カリスは分析している。

国防軍の陸海空軍の再編が行なわれた際、一九一八年の第一次大戦の敗北の重要な原因の一つに宣伝戦の失敗があったと検証されて陸軍宣伝部が創設された。これは、プロパガンダ・コンパニエン（頭文字を取ってＰｋ《ペー・カー》と略される宣伝中隊あるいは広義の宣伝部隊）であるが、実態は小ぶりな三～四個小隊で構成される特殊中隊だった。

この部隊はフランスに占領されていたズデーテンラント（ドイツとチェコ＝スロバキア国境のドイツ人居住域でボヘミア、モラビア、シレジアと呼ばれ、第一次大戦後はチェコ領だったが、一九三八年十月にドイツへ併合された）への国防軍の侵攻時から小規模な活動を開始した。

宣伝省と国防軍最高司令部はポーランド侵攻一年前の一九三八年九月末に、戦時における軍事広報と他の軍事宣伝の総枠を協議して合意に達し、国防軍の指揮下で軍人としてのＰｋ

国防軍宣伝部長でPk部隊と国防軍広報を担当したハッソー・フォン・ウェーデル少将。

宣伝部隊要員の訓練を行ない、技術など専門知識の教育には宣伝省が関与して実施されることになった。また、宣伝省はドイツの大管区《ガウ》を経由してジャーナリストとして専門知識と経験を有するＰｋ要員を動員して国防軍宣伝部の任務達成に協力した。

このようにＰｋ宣伝部隊は完全かつ重要な国防軍部隊の一部であり、検閲を受ける隊員は予備役を含めた軍人であり、宣伝省はその支援機構だった。

最終的に一九三九年四月に国防軍最高司令部宣伝部（ＯＫＷ／Ｗｐｒ＝ヴェアマハト・プロパガンダ＝Wehrmacht Propagannda）となり、ハッソー・フォン・ウェーデル大佐（のち少将）が宣伝部長となったが、作戦部長ヨードル大将の直接指揮下に置かれたのは宣伝戦を戦略的部門と位置づけていたからである。

主な任務は陸海空軍における軍事宣伝活動だが、前線でのニュース映画の撮影、スチール写真撮影、敵の士気を挫くための心理戦を含む対敵宣伝（宣伝ビラ配布やスピーカーによる投降の呼びかけ）、あるいは占領地での住民宣撫工作などの実行である。

国防軍宣伝部のＰｋ宣伝部隊の編成は陸軍から始まり、空軍、海軍が続き、加えて武装親衛隊のSS・Pk宣伝部隊をも一括管理した。戦闘戦域の拡大化により一九四二年に最盛期を迎え、陸軍Pk宣伝中隊二一個、空軍Pk宣伝中隊八個、海軍Pk宣伝中隊三個と宣伝大隊一個、SS（武装親衛隊）・Pk宣伝中隊一個（のちに三個となり大隊となった）、そして占領地に八個宣伝大隊と心理戦遂行のために一個特殊宣伝大隊があり、最盛時で一万五〇〇〇名を擁する世界に類を見ない宣伝部隊となった。

宣伝中隊の車両群で右から3列と4列目に心理戦用の拡声器搭載車両が見える。

Pk宣伝部隊はニュース映画カメラマン、写真カメラマン、ラジオ放送記者、新聞記者らの専門家グループに支援要員が配属された。戦争中（とくに一九三九年～一九四二年までの戦争前半）のPk宣伝部隊は、国防軍と宣伝省による命令や指令が混在したものの宣伝部の一括管理により比較的良く機能したとウェーデル大佐は回顧録の中で述べている。

戦場のPk宣伝中隊、あるいはPk宣伝小隊、Pk宣伝分隊、細分化されたPk宣伝派遣チームからの報告書と、撮影された映画フィルムや写真フィルムの宣伝素材は、国防軍宣伝部を経由してポツダムの特別処理施設へ送られ、ここで保安上の検閲作業を経てから迅速に宣伝省へ運ばれた。

宣伝部隊は軍の一部であり宣伝省に直接の命令権はないが、ゲッベルスはＰｋ宣伝部隊から送られる機密の宣伝素材と報告書をすぐに入手できた。このために、重要な基本情報として存在し続けた国防軍軍事広報を除き、戦争の最後までドイツ国内における戦時宣伝を独占することができたのである。また、国防軍最高司令部で毎日開催される国防軍の軍事広報会議には宣伝省との連絡官であるハンス・レオ・マルチン中佐が出席して軍事広報の草稿を宣伝省へ運んだ。

前線のＰｋ部隊からベルリンへ運ばれる宣伝素材は国防軍の検閲官により発表の可否を決定したが、宣伝省はＰｋ宣伝部隊から届く生の戦時宣伝素材を用いて銃後の国民と家庭に生々しい戦場の実態と臨場感を直接持ち込んで共感を生むことで、士気を向上させる宣伝策により成功したのである。

国防軍軍事広報（ヴェアマハトベリヒト）

戦時広報は毎日昼にドイツ放送から「国防軍最高司令部発表……」というアナウンスで開始される国民に対する国防軍の発表文であり、責任者は国防軍宣伝部長のウェーデル大佐で一九三九年九月一日から一九四五年五月五日まで続けられて二〇八〇通が発出された。国防軍はナチ軍事情報の対内外宣伝の重要性を認識していたし、ドイツ国民の掌握を担うゲッベルスの宣伝省は広報手段としてラジオ放送と新聞媒体を主管した。ここに国防軍と宣伝省の接点があったのである。

このために軍事広報は国防軍から内外メディアへのナチ軍事宣伝情報の中核として、また、宣伝省は銃後の国民を啓蒙して動員する重要な手段と位置づけていた。こうした背景から国防軍最高司令部（ＯＫＷ）宣伝部の手で軍事情勢ニュースが作成され、宣伝省を通じて当時の最新情報伝達手段だったドイツ帝国放送をもってドイツ国民へ周知し、海外へは短波外国語放送で発表され、また活字媒体の新聞記事も同様だった。

25. Mai 1940

Wehrmachtbericht

Das Oberkommando der Wehrmacht gibt bekannt:

Der Ring um die belgische Armee, Teile der I., VII. und IX. französischen Armee und die Masse des englischen Expeditionsheeres wurde gestern erheblich verstärkt und ist damit endgültig geschlossen. Im Osten des Ringes wurden Gent und Kortryk genommen, die Lys im Angriff überschritten. Zwischen Roubaix und Valenciennes sind die deutschen Truppen im Angriff auf die französischen Grenzbefestigungen.

Auch im Süden zwischen Valenciennes und Vimy schreitet der Angriff beiderseits Douai in nordwestlicher Richtung fort. Die Vimy-Höhen sind genommen. In hartem Kampf mit feindlichen Land- und Seestreitkräften fiel Boulogne.

Calais ist umschlossen,

das Höhengelände von Vimy über Lillers - St. Omer bis Gravelines ist in deutschem Besitz.

Die Gefangenenzahl erhöht sich ständig und ist ebenso wie die Beute noch nicht zu übersehen.

Deutsche Kampf- und Jagdverbände griffen im belgisch-nordfranzösischen Raum Truppenansammlungen, Kolonnen sowie Flakstellungen mit gutem Erfolg an, und belegten in den belgischen und französischen Kanalhäfen Kai- und Tankanlagen, Werften, Docks, Artilleriestellungen und Molen mit Bomben. Dabei gelang es,

einen Zerstörer
und sieben Handelsschiffe

bzw. Transporter mit einer Gesamttonnage von rund 20000 Tonnen durch Bombentreffer zu vernichten bzw. schwer zu beschädigen.

Ein weiterer Zerstörer

wurde, wie bereits durch Sondermeldung bekanntgegeben, durch Flakartillerie zum Sinken gebracht. An der Südfront wurden an einigen Punkten schwache feindliche Entlastungsangriffe abgewiesen.

Südlich Sedan entrissen die deutschen Truppen in den letzten Tagen dem Feind in zähem Kampf eine wichtige Höhenstellung und behaupteten sie gegen starke Gegenangriffe.

Bei den Kämpfen der letzten Tage im Gebiet von Maubeuge zeichneten sich der Kommandeur eines Infanterieregiments, Oberst Ordan, und der Oberleutnant in einem Pionier-Bataillon, Langenstrass, durch besondere Tapferkeit aus. Vor der Südfront erzielte die Luftwaffe gegen Bahnanlagen, Flugplätze, Marschkolonnen und Kampfwagenansammlungen grosse Wirkung.

Im Raum von Narvik setzten deutsche Kampfverbände ihre Luftangriffe gegen Seeziele fort und griffen mit gutem Erfolg auch in den Erdkampf ein. Wie bereits durch Sondermeldung bekanntgegeben, wurden dabei am 23. Mai

zwei Kreuzer

so schwer getroffen, dass mit ihrem Totalverlust zu rechnen ist. Auch

ein Schlachtschiff
und ein Kreuzer

oder Zerstörer wurden stark beschädigt. Bei der Wiederholung dieser Angriffe erhielt gestern das schon am 23. Mai beschädigte

Schlachtschiff

drei weitere schwere Treffer auf das Heck, sodass es bewegungslos und ohne weitere Abwehr liegen blieb.

Ein Flugzeugträger

wurde in Brand geworfen. Mit seinem Verlust ist zu rechnen. Ferner wurden

ein Kreuzer

mittschiffs getroffen,

ein Transporter
und zwei Handelsdampfer

versenkt, zwei weitere beschädigt und ein grosser Tanker nach einem Treffer mit Schlagseite auf Strand gesetzt. Zur Verstärkung der bei Narvik kämpfenden Truppen gelang es Gebirgsjägereinheiten durch Fallschirmabsprung abzusetzen.

Die Gesamtverluste des Feindes in der Luft betrugen gestern

84 Flugzeuge,

davon wurden 27 im Luftkampf, 14 durch Flakartillerie abgeschossen, der Rest am Boden zerstört. 7 deutsche Flugzeuge werden vermisst.

西方電撃戦時の1940年5月25日付けの国防軍軍事広報（ヴェアマハトベリヒト）。

しかし、発表文は簡潔だが軍事用語が多用される無味乾燥なもので、ゲッベルスはこれでは宣伝効果を生むことはできないとよく指摘していた。また国防軍、ことに陸軍は軍事的成功の誇張傾向が強く、ゲッベルスは過度な楽観主義を排して国民を引き締めようと連戦連勝の発表に強い懸念を示した。しかし、初期の電撃戦の成功があるうちは余裕があってこの形態の軍事広報が優先されていたが、当然ながら戦争が進展するほどに実態との乖離が生じてきた。

この状態を英国の歴史家のA・カリスは『ナチ宣伝と第二次世界大戦』という研究書の中で「勝利主義が全体を覆っていた」と表現している。

一九四二年冬から一九四三年二月にかけてのロシア戦線南部のスターリングラードにおけるドイツ軍の大敗北以降は、ゲッベルスの宣伝省の政策主導により壊滅の惨事を報道することで、一種のショック利用により国民に危機感を植えつけて戦争への士気を維持した。

歴史家のウォルフラム・ウェッテとダニエル・ウーツェルらによれば、最後の国防軍軍事広報はドイツ敗戦翌日の一九四五年五月九日に出されたが、ここに至っても国防軍の神話的土台を残すために「国防軍はナチ政権の犯罪に関与せず立派に戦ったという自己擁護をしていた」と述べている。

さて、ゲッベルスは国防軍との協調により軍事情報の独占的な流れを設けることに成功していた。実質的な意味でPk宣伝中隊を設けたのはゲッベルスであり、「Pk戦闘報道員」とはゲッベルスが生み出した造語である。

ゲッベルスが動員した戦闘報道員は国防軍軍人となり、Pk宣伝中隊本部は国防軍宣伝部が軍事広報作成に必要な戦闘報告を作成した。報道小隊は軍事地区でのニュース映画撮影、スチール写真撮影、放送記事の制作を行なったが、民間のジャーナリストは特殊な場合を除いては戦場へ入ることを禁止されていた。

国防軍宣伝部の連絡将校と宣伝省担当局との協議は毎日実施されるが、軍事広報の第一報は、まず主要な国家機関とナチ党高官へ配布された。宣伝省のゲッベルスも登庁すると副官が読み上げる国防軍広報を聴くことから一日が始まり、ゲッベルスが異議を唱えぬ場合はそのまま国防軍広報は公表される。

しかし、ゲッベルスは宣伝省の担当責任者が確実に国防軍最高司令部の宣伝部とともに運用されているかをつねに確認していた。

国防軍広報は毎日午後9時から9時15分までラジオ放送で国民に発表された。

国防軍軍事広報が最初に発出されたのは一九三九年九月一日のポーランド戦勃発時であり、最後はドイツ敗戦の翌日の一九四五年五月九日付である。

フランス電撃戦時の一九四〇年五月十二日以降、国防軍宣伝部のエーリッヒ・ムラウスキー少佐が発表放送を行ない、軍事広報に細かい論評を加えて毎日午後九時から九時十五分に定時放送され、新聞紙上でも同様な論評が加えられた。

この論評はドイツ国民聴取者を対象として日々の軍事展開を理解できるように一般用語で二度読まれるが、最初は通常の早さで、二度目は聴者が書き留めることができるようにさらにゆっくりと読むという慎重な国民浸透の工夫がこらされた。

第2章　ゲッベルスの宣伝戦

大戦前

一九三三年一月にヒトラーとナチ党が政権を奪取すると、三月にプロパガンディスト、ヨゼフ・ゲッベルスを大臣とする世界初の宣伝省が設立された。これまで、脅迫、暴力、非合法と、ありとあらゆる手練手管でナチ党とヒトラーをここまで引っ張ってきたゲッベルスが表舞台に姿を現わすと、プロパガンダ組織を率いて国民をナチ化する啓蒙宣伝に邁進した。

ゲッベルスは「革命には二種の手段がある。一つは武器を有する相手には勝利できないことを知らしめることであり、もう一つは精神的革命による国家の改造であるが、これは敵を味方にする手段として大きな利点がある」と述べた。

宣伝と啓蒙により全体主義国家の総統に追随する従順な国民に仕立て上げて士気を鼓舞し、短期的な戦争はもとより、最終的に千年帝国の万全な体制の構築こそが宣伝省の真の目的で

普及品ラジオ VE301 を聴く典型的なドイツの戦時家庭。

あった。このためにゲッベルスは国民を精神的に掌握して意のままに操り定型の枠に収めることが絶対に不可欠だった。ゆえにゲッベルスは、新聞、雑誌、放送のジャーナリズムと映画、芸術などの文化のすべてを支配したのである。

この権力はナチ・ドイツの国家政策の決定権力を有するヒトラー、親衛隊のヒムラーによる国民監視と逮捕あるいは強制収容所送りのような強権力、ドイツ経済を左右するシャハトや国家元帥で空軍を率いるゲーリングの軍事的権力とはまったく異質で、日々、国民が放送で何を聴き、新聞、雑誌で読んで知るべきこと、考えるべき手段を決定する権力である。

この役割は極めて難しいものであったが、人々を納得させる話術、感性、知性、知識と才能に際立ったゲッベルスに勝る人物はいなかった。そして、二三〇〇種の新聞と雑誌、放送を統制し、文化活動は宣伝省の傘下に設けられた文化評議会で掌握監督するようになり、暴力、誹謗中傷、流言、デマゴークというそれまでの低俗な手段からの脱却を図った。

一方でゲッベルスは国民の休日を増やしてナチ党大会に参加させ、食料の大判振る舞いをしてナチの独裁性から目を逸らせておき、もう一方の手では警察が労働組合の幹部を拘引し組織を潰して既得権を強引に奪った。代わって労働者にロベルト・ライの組織する労働戦線で「喜びを通じての力」をモットーとして労働させた。

一九三五年三月十六日に、ゲッベルスの宣伝省は三六個師団による一二個軍団編成のドイツ再軍備と徴兵制度の導入をドイツと海外の記者を集めて発表した。ゲッベルスは尊大な態度で、「世界はドイツの再軍備について疑心暗鬼を抱くようになり、ドイツはこのことを明確にせねばならないとつねに要求されてきた。我々の総統はこの憶測に対して歴史的かつ決定的な答えを出し、今、世界は実態を知ったのである」と述べた。

1936年3月7日に非武装地帯のラインラントへ進駐する国防軍。

一九三六年三月六日、ヒトラーは第一次世界大戦の結果であるドイツ領ルール工業地帯のライン川西岸が五年間のフランス領で東岸は非武装地帯としたロカルノ条約で定められたラインラントへ電撃的に進駐して、欧州に緊張が走った。

ゲッベルスは素早くドイツ有権者の九九・八パーセントがこの進駐に賛同しているとして、内外のジャーナリストを集めると半強制的に進駐を視察させ、一方でツェーゼンのドイツ短波放送局は海外へ速報を流すという水も漏らさぬ宣伝キャンペーンを展開した。結局、この進駐は結果的に「なした者の勝ち」となり、以後のヒトラーの強気政策の根源となった。

一九三六年のドイツは多事であった。スペインでフランコ将軍の反乱軍によるスペイン内乱が発生すると、ヒトラーはフランコ軍を支援するコンドル義勇軍を派遣したが、再軍備に突き進む国防軍にとってこの戦争はもってこいの新兵器の実験場となった。空軍はスペインの小村ゲルニカを絨毯爆撃のはしりとして猛爆して壊滅させたが、これは、非人道的だと世界から非難の声が上がった。

スペイン内乱でフランコ軍を支援したドイツ・コンドル義勇軍のHe111爆撃機。

しかし、ゲッベルスの宣伝マシーンが活動して真実と虚報をないまぜにしたプロパガンダの雨を降らせた。なかでもゲッベルスの「スペインの真実」という演説で、「ロシアが支援するスペイン政府軍が勝利すれば、共産主義が深く浸透してヨーロッパが赤化される大危険が不可避となる」と脅す宣伝戦を張ったのは大いに効果があった。

もう一つ、米国でルーズベルトが大統領に再選された。ルーズベルトは独裁主義を排する態度が明確であり、このためにゲッベルスは反米感情が強く、この大きな世界的ニュースをたった数行の掲載で済ますようにドイツのジャーナリズムに命じた。このことはドイツの報道機関のすべてがゲッベルスの意のままになっていたことを示していた。

翌一九三七年十月にドイツの新聞雑誌が数行で片づけたはずのルーズベルトは、「世界の九〇パーセントの自由と平和、そして法と秩序を瓦解させるのは一〇パーセントの無法と伝染病であり、これは、はるか遠方の国家と人々に大きな危害を与える」と演説した。

ゲッベルスは、これがドイツと日本の戦争準備に対する重大な危険性を鋭く突いていると真意をすぐに理解した。そして、ただちに「我が総統は平和の維持に集中すれば良いが、ルーズベルトは自分を支える選挙票を獲得するために国民に絶えず戦争の危機を煽らなくてはならない」と反論した。

今やゲッベルスは国民を操る権力者となり、実質的に「ヒトラーに次ぐ男」の階段を駆け上がっていた。民意の啓蒙と操作を実行する有効な宣伝兵器の一つは映画であるとゲッベルスはつねに考えていた。事実、宣伝大臣の大好きな映画が宣伝上の重要なツールであり、宣伝省映画局が傘下の文化院の監督する映画評議会を通じてすべてを握っていた。そして、ゲッベルスは多忙な宣伝戦の最中であっても個人的に映画に多大の関心を寄せて、映画製作、シナリオ、俳優、そして配給にまで関与していた。

ゲッベルスの宣伝戦の主要な対象となったフランクリン・ルーズベルト米大統領。

一九三八年初めに国防大臣兼国防軍総司令官ブロムベルグ大将がスキャンダルで追放され、陸軍総司令官フリッチュ大将と参謀総長ベック大将も追われて、陸海空三軍総司令部の上に位置する国防軍最高司令部の総司令官はヒトラーとなり、政治、軍事、経済のすべての実権を手にした。一九三八年二月にフォン・ノイラートに代わり精力的なフォン・リッベントロップが外務大臣となり、内外記者会見を含む海外宣伝を巡ってゲッベルスと激しく対立するようになった。三月になるとゲッベルスはお手のもののオーストリア併合の国民投票を行ない、九九パーセントの併合賛成という宣伝戦をもってヒトラーの併合政策を正当化した。

このころのゲッベルスは不必要な危機は招くべきではないと考えていた。宣伝でドイツ国民を最大限に扇動しておき、つぎに絶望的状況へ落として威嚇する。世界に対しては相手の国が戦争を回避するべく脅して譲歩させる。かくて無血勝利が宣伝戦の結果として手中にすることができるのだと主張した。これを拡大して実行したのがチェコスロバキアの併合である。

ゲッベルスはラジオ放送による神経戦と国内新聞による恐怖宣伝を展開した。チェコ軍の戦車によるドイツ婦女子の圧殺、チェコ軍の毒ガス攻撃、チェコの略奪といった塩梅で、ドイツのチェコに対する要求を正当化した。ゲッベルスの意図は英仏はじめ西欧諸国に対するプロパガンダとして成功し、のちに英首相チェンバレンをヒトラーの保養地ベルヒテスガーデンに赴かせることになり、英国がドイツのチェコ併合を認めるミュンヘン協定が結ばれてドイツ外交は勝利した。

オーストリアを併合してウィーンへ入るヒトラー(メルセデスG4の車上の人物)。

一九三九年一月にヒトラーは年内に戦争開始の意向を最高幹部に漏らし、二月になるとゲッベルスは、戦争を求めるのはドイツではなく西欧民主主義の国家たちであると宣伝した。同年三月十五日にチェコの首都プラハへドイツの機械化部隊が戦車を先頭にして進駐したが、英国との宣伝戦では冷笑主義（シニシズム）のゲッベルスに軍配が上がった。

ゲッベルスは「ドイツの支配下からチェコ国民を救えという英国の声は笑止千万である。その大英帝国は世界の植民地から収奪をもっぱらとしており、その暴力的手口は彼らが表明するような人道的見地とは似ても似つかぬものである。加えて、我が国家社会主義の原理が利用されるほど英国に浸透しているとは思わなかった」と述べて皮肉ったが、このとき、ヒトラーは「欧州制覇を武力で為す」と決定していた。

他方、多くの宣伝戦の勝利がゲッベルスに大きな過ちを犯させることになった。すなわち、「他者も自分の意見を信ずる」という一種の自己催眠に陥り、将来のヒトラーの勝利は宣伝戦で達成できると考えたのが食い違いの始まりだった。

チェコ進駐によって英国は覚醒し、三月三十一日に英仏・ポーランド安全保障条約が締結され、同様の保障をルーマニア、ギリシャと結び、トルコとも援助条約を結んだ。これは反ドイツ連合を形成させた点において、国際政治の観点からすればゲッベルスの敗北であった。

この事態に対してゲッベルスは、「ドイツは決して戦争を望まないが、望む者は誰か？戦争となれば欧州文化は根幹から揺さぶられるであろう」と戦争回避にある種の期待をした。

だがもう一方で、「我々持たざる国家に比べれば大英帝国は裕福に暮らし、国家財産を持てあましている。これらの富は道義に反する収奪の結果である」と激しい言葉で宣伝爆弾を投下し続けて和戦両様の宣伝戦を展開していた。

四月十四日、ヒトラーは英国との条約やポーランドとの不可侵条約には拘束されないと議会で挑戦的な演説を行なった。だが、ゲッベルスはこの演説を多く報道させなかった。代わりにポーランド国内におけるドイツ人に対する暴行や迫害の偽記事を連日報道させる恐怖宣伝戦を実行した。そして、「戦争は起きない。英国はもう一度ミュンヘン会談を行なおうと譲歩提案をするに決まっている」と述べた。

つかの間の平和を得たミュンヘン会談のヒトラー(右)と英チェンバレン首相(左)。

しかし、ゲッベルスの片腕で宣伝省の有能な国内新聞局長（一九四二年から放送局長）ハンス・フリッチェの示す多くの証拠、すなわち、英国の全体トーンが鋭く攻撃的になってきたという指摘のくり返しにより考えを変えて、「その指摘は恐らく当たっている。英国は宣戦布告をす

電撃的な独ソ不可侵条約締結。前列左からリッベントロップ外相、スターリン首相、モロトフ外相。

るだろう」と応じてヒトラーと会談したが、ヒトラーは「外務大臣リッベントロップが英国は宣戦布告をしないと報告している」として取り合わなかった。

一九三九年八月二十一日に唐突に独ソ不可侵条約が締結された。ゲッベルスはこの電撃的事態に対して、しばらく反ソビエト・キャンペーンの中止を指示したものの、一夜で不倶戴天の敵ボルシェビズム（マルクス主義、共産主義）が友好国となってジレンマに陥ったが、すぐに立ち直って「ドイツとソビエト連邦という二大民族は共通の外交的立場に立った。これは、伝統的な友情と相互理解があったからである」とゲッベルスの主宰する新聞の「デァ・アングリフ」上で論陣を張った。もっとも、ソビエト側でもモロトフ外務大臣が「ファシズムというのは趣味のようなものである」と訳の分からないコメントを発しただけだった。

一方で英独の関係は緊迫していた。九月一日、ヒトラーは「ポーランドが我が方に砲火を開いたために報復を開始した」と述べてベルリンで初めての灯火管制が敷かれた。

ゲッベルスの側近のフリッチェは、「閣下、この戦争について最初に国民に熱狂を生み出す必要性があり、勝利を期待するべく、ある意味で酔わさねばならない」と述べると、ゲッベルスは「いいや違う、熱狂は決定的な要素ではなく、戦争はどのくらい続くのかがポイントで、要するに長く耐えねばならないということであり、幻想は持ってはいけないのである。したがって、勝利の大騒ぎを期待させるより、国民個々が果たすべき義務遂行の決意を有させることが必要なのだ」と語った。

戦争は短期戦であると語り合うナチ指導者たちの中で、ゲッベルスは長期戦の見通しとドイツの苦難を予想し得た唯一の人物であったと評される。

ポーランド戦

一九三九年九月三日、リッベントロップ外相の分析にも関わらず英仏がドイツに宣戦布告をなした日に大西洋で事件が起こった。ドイツ海軍のU30潜水艦が英国の定期航路の客船アセニア号を魚雷で撃沈して米国人や女性子供が犠牲になった。この報告を受けたゲッベルスと宣伝省は素早く反応して宣伝戦を展開した。ゲッベルスの筋立てはこうである。

——英国がドイツに責任を負わせるためにチャーチル海軍大臣（首相になったのは一九四〇年五月）が米国を味方陣営に引き込むために仕組んだ謀略である。ドイツはこの悪辣な企みを喝破した。なぜならば我が総統はこうした攻撃を禁じているからだ——。

〈上〉U30潜水艦に撃沈された英定期航路船アセニア号。〈下〉BBC放送で国民に呼びかけるゲッベルスが最も敵視した英チャーチル首相。

そう主張して、ドイツ・ジャーナリズムが一斉にキャンペーンを張った。一方でゲッベルスは英国の宣伝手段は国民心理を知らない素人か新人宣伝生だと嘲笑し、英国の宣伝にはなぜ戦うのかという戦争目的がないと指摘した。確かにこの時期の英国は、飛行機を飛ばして空から「ドイツ国民は今こそヒトラーを排斥すべきである」というビラを散布した程度であったからである。

ヒトラーが総統官邸報道官のディートリッヒに、すべてに優先する指令書ターゲスパロールの発出を命じたのはこの頃である。これを知ったゲッベルスは、宣伝省の頭越しに発出されるターゲスパロールに脅威を感じて自分が担当したいと申し出たが、ヒトラーに拒否されてしまった。

ゲッベルスの仕掛けたポーランドに対する宣伝戦は効果的な神経戦だったが、すでに次の目標であるフランスに対しても行なわれていた。ポーランド戦の勝利はゲッベルスの宣伝戦の礎石上に建てられた結果であり、ヒトラーは「戦時に宣伝が力を発揮するとき、巨大な効果を生み出すことを多くの人々が知った」と語った。

ポーランド戦の勝利は控えめな報道方針で貫抜かれ、国防軍の報道広報は無駄のない簡潔な軍事用語で勝利を伝えていた。連合軍より早い発表で事実以外はないという報道姿勢は国内・海外の記者の信頼を得て、ドイツからの報道が全世界に流れたのはゲッベルスのひと時の成功であった。もっとも、大戦後半になるとドイツの敗勢により宣伝は強弁と嘘に塗り立てられて逆になるのである。

ゲッベルスは国防軍に働きかけて組織した国防軍Pk宣伝部隊のスチール・カメラマン、映画カメラマン、新聞と放送記者を利用して、戦場から多彩で生々しい戦争報道をドイツの家庭に持ち込んで共有するキャンペーンを展開して一体感を生み出し大きな効果を上げた。今、ゲッベルスの主敵は英国であったが、スイス、北欧諸国、スペイン、米国で国防軍の絶対的優位性やドイツの勝利をテーマにして、買収、威嚇、ひそひそ話や耳打ちなどあらゆる手段でプロパガンダを展開した。

1940年5月のフランス電撃戦中のドイツ装甲師団の戦車群。

フランス戦

一九四〇年初頭、戦争状態にあるドイツ・フランス国境で対独防衛を目的に建設されたマジノ線要塞群に対して巧妙な神経戦が実施されて、フランス軍の兵士たちに強力なスピーカーで夜となく昼となく話かけた。夜間に作業に出るフランス兵士たちにはサーチライトが浴びせられて、スピーカーが「心配はない。我々は攻撃をすることはない。照明をもって兵士諸君の作業の援助をしようと思う」などとソフトに呼びかけた。

あるいは、フランス首相のマジノ線視察を正確に伝えたほかに、英国のチャーチルの要塞訪問と食事内容まで指摘してみせたのはフランス軍の士気を阻喪させる神経戦術だった。また、数百年前のノストラダムスの予言を勝手に書き換えて「ドイツの勝利の予言パンフレット」なるものをばら撒いたりした。さらにベルギーのある雑誌のコピーを大量に印刷したが、クロスワードパズルのページだけが好色的なものに替えてあった。この雑誌はフランスの税関を難なく通過して仏軍兵士たちの手元に届いて、士気低下に効果を上げる水面下戦術もとられた。

だが、一九四〇年五月のオランダ、ベルギー、フランスを攻撃する西方作戦が開始されるとゲッベルスは宣伝手段を一変させた。装甲師団群の戦車隊、空軍の急降下爆撃機による激しい爆撃、名状し難い混乱、廃墟、恐怖がドイツの敵を襲うであろうと、あらゆる方法で脅迫した。手練手管の宣伝戦によって骨抜きにされたフランス軍の崩壊はドイツの既定方針どおりとなった。戦車を先頭にした装甲戦術による武力制覇と宣伝戦で、フランス軍は六月に降伏に追い込まれた。

　ここで、ゲッベルスはフランスの降伏を効果的

〈上〉宣伝省が士気阻喪を狙って心理戦を展開した独仏国境のマジノ要塞。〈下〉ゲッベルスは1次大戦の復讐劇となるフランス降伏調印を演出した。右方はヒトラー一行。

に演出した。それは、第一次大戦時にドイツが降伏文書に署名した客車を博物館から引き出して昔と同じコンピエニューの森へと運び、フランスに降伏文書を署名させることだった。これはゲッベルスのアイデアと演出による、ドイツの勝利を世界へ宣伝する壮大なショーとなった。

戦争が終結してドイツの占領軍が進駐すると、国家の富と国民の抑圧によりゲッベルスが宣伝戦で築いたヨーロッパ新体制の幻想は吹き飛び、時間の経過とともに疫病のごとくドイツの敵が蔓延してゆき、新たな宣伝が必要になるという悪循環をくり返さねばならなくなった。加えてゲッベルスは国内向けに欧州の支配者はドイツ人であると論じつつ、非占領国に対しては「ドイツは力で欧州諸国の改革を意図しているのではなく、新たな秩序と理念を提供するものである」とおよび腰な論を展開した。

ドイツの絶頂期にゲッベルスは実際にマグナ・カルタ（英国の自由の大憲章）的な新欧州体制を側近のフリッチェとともに草案を作成してヒトラーに提案したが、ヒトラーは外務大臣のリッベントロップと検討するように命じた。

この会談は罵り合いに終始して、リッベントロップは「占領国は軍事力で制圧すれば良く、占領国民とこのような交渉事など必要としない」とはねつけ、ゲッベルスは「貴官はいずれ、この案がどんなに重要であったかを知ることになるぞ！」と怒鳴って席を立った。そして、ゲッベルスは「宣伝は総合政策の指針を支持して支援するのが役割だという基本的な真理をまったく理解していない」とリッベントロップを小馬鹿にした。

イギリス戦

フランス戦が終了すると英国侵攻が迫り、英国海峡上空の制空権を巡って英独の航空戦力は激しく戦った。ゲッベルスは相変わらず英国の宣伝戦のまずさを笑いものにしたが、英帝国軍人と国民の勇敢さは認めていた。一方でロンドンが炎上して九日目となり飢餓と降伏の間を彷徨っていて陥落間近いとキャンペーンを張った。

英独航空戦は英空軍の勝利となり英国侵攻は中止された。

だが、一九四〇年九月半ばになりドイツ空軍は制空権の獲得に失敗して英国侵攻も実行不能となり、ゲッベルスは初めて撤退戦宣伝を行なったが、その手法は鮮やかであった。ゲッベルスは燃えるロンドンで耐えた市民を称賛し、空襲の中で活動するBBC放送の職員たちの勇敢さも讃えた。これは、いかにロンドンが激しい空襲を受けているかということの強調こそが真の目的であったからである。ゲッベルスは「最上の手段は事実に基づくことである」と述べたが、戦争後半になると、連合国とドイツの方針は逆転することになるのである。

結局、英国侵攻は無期延期となり事実上放棄され、一九四〇年末から一九四一年にかけてゲッベルスはチャーチル首相に異常ともいえるような敵対的執念を燃やして変質的な中傷と侮辱による宣伝攻撃を続けた。何故なのか。ゲッベルスはチャーチルが獰猛、冷酷で執念深く、目的を完遂するまでひるまずに敵対する最も手強い人物であることを本能的に感じ取っていたからである。

ゲッベルスの宣伝戦は初期電撃戦の成功に大きな支援を果たしたので、自分と宣伝省のことを精神的な戦争指導者と呼んでいた。しかし、占領国でのヨーロッパの新秩序形成はうまくゆかず、反ドイツ運動ばかりが燎原の火にように燃え広がり、英国はこの抵抗運動の支援で大きな成果を挙げると、BBC放送はゲッベルスを攻撃しはじめた。ドイツでは相変わらず報道をめぐって宣伝省、総統官邸、外務省、国防軍最高司令部の代理たちが、それぞれの上司たちの異なる意向を開陳してしばしば議論していた。

ロシア戦

この時期のゲッベルスは多忙だった。反ユダヤ・キャンペーンの強化、外国記者たちの懐柔、そして一九四〇年五月の副総統ヘスの英国への単独飛行逃亡による和平交渉の後始末である国民への発表に関する帝国報道官のディートリッヒとの激しい論争などである。

一九四〇年十二月か一九四一年二月のいずれかにゲッベルスはロシア侵攻作戦を知ったとされるが、ひと時ロシアはドイツとの不可侵条約により友好国となり、敵とみなす宣伝はできないというジレンマがあった。

ヒトラーと国防軍は一九四一年春に来るべきロシア侵攻作戦の南翼を安全にするために、ギリシャ、ユーゴスラビアを支配下に置くべくバルカン侵攻作戦を成功させた。そして真の目的であるロシア侵攻バルバロッサ作戦の準備に入り、ゲッベルスは国防軍宣伝部とともに侵攻意図の秘匿作戦を実行した。

一九四一年六月二十二日にヒトラーは最終的な目標だったロシア侵攻バルバロッサ作戦を発動した。この日の午前五時にリッベントロップ外相が内外記者会見を開き、ゲッベルスは総統声明をラジオ放送で行なったが、「ボルシェビキの指導者の条約違反

1941年6月22日にロシア侵攻戦は開始された。草原を行く3号戦車群。

という背信行為に対するドイツの報復」だと理由づけた。そして、ゲッベルスの指令を全国で触れて回る宣伝員たちに対して次のように秘密の訓令を発した。「この戦争はソビエト国民を敵とするものではなく、ドイツの防衛的戦争であり、ユダヤ的ボルシェビキ支配層に対するものである」と、都市、町、村で国民へ浸透させた。他方で公式にゲッベルスは「ソビエトとの不可侵条約の不保持、ユダヤ的ボルシェビキ金権政治の陰謀」という宣伝演説をもって国民へ呼びかけた。

初期戦は電撃的侵攻となり、ゲッベルスはスターリン線という存在しない防衛ラインを生み出して「スターリン線は突破された」と報じたが、連合国の宣伝機関はそのようなものは存在しないと反論して、ゲッベルスの宣伝戦が失敗したことがあった。

夏の間は連戦連勝が続き、ソビエト軍は奥地へと徐々に撤退して行った。国防軍の戦時広報はいつもの楽観的戦況を伝え、総統報道官のディートリッヒは外国の記者らに「この戦争は短期間に終了するであろう」と楽観論を語っていた。だが、ゲッベルスは決して勝利の公約を国民にしなかった。このことは、「戦争は終わったのも同然である」と国民が受け取る危険な幻想を抱かせることを恐れたからである。

しかしながら、ロシア戦は夏が過ぎて冬季へ向かっていた。そんな一九四一年十月にソビエトの首都モスクワ前面で立ち往生するドイツ軍の実態に反して、ヒトラーはディートリッヒを使って本年最後で最大の決戦が行なわれると攻略予想を発表した。

　このころになると英国のBBC放送の宣伝手段はしだいに洗練されて、ゲッベルスも油断がならなくなっていた。例えば、「ヒトラーは自分で設けたスジュールが守れない」と辛辣に批判すると、ゲッベルスは「総統のスケジュールは英国の予定で行なわれるわけではない。そして、誰にも勝利がいつになるのかは不明である」と反論した。

　現実の戦場は夏装備のままの国防軍の大群が危険なロシアの厳冬を迎えていた。モスクワ攻略戦は首都前面で止まり、バルバロッサ作戦の失敗が目前に迫っていた。

　ゲッベルスはまもなく病院列車がドイツへ向かい多数の傷病兵が到着するであろうと予想し、そのときに国民が衝撃に耐えるようにしなければならないと考えて、報道機関に対しては、「現実に立脚して戦場の苦難に耐える将兵」を報道するように求め、同時に広く戦場に散るPk宣伝部隊へもこの方針が通知された。

　ゲッベルスは東部戦線の行く末に大きな不安を抱き、ロシアの占領地における大規模宣伝戦の必要性をヒトラーに提案したが、一九四一年七月に占領地のウクライナ総督となっていたローゼンベルグに一任された結果、「相手はロシア人である。彼らを相手に宣伝戦を実施したところで費用と時間と労力の無駄である」と述べて拒否された。

　このころ、捕虜となったある赤軍の大佐が、後になって、もしドイツが自由ロシア国家を認めるならば驚くほどの将兵が脱走してドイツ軍についたであろうと述べたのは、ゲッベルスの予測が正しかったことを証していた。

モスクワ前面で敗北、ソビエト軍に捕獲された3号J型戦車。

ソビエト軍は一九四一年十二月初旬にモスクワと全戦線で反撃に出た。ゲッベルスは「ドイツは最大の難しい時を迎えている。勝利は大きな利益をもたらし、敗退すればすべてを喪失するであろう」と率直に述べたが、これは敗北に備えて国民に一種の覚悟をさせることが目的だった。ある意味で敗北を予想させる驚くべき宣伝手段であったと、後に研究者は批評している。

ロシアでは西欧州では想像もできない極寒が、ドイツ軍三〇〇万の将兵に襲いかかった。ゲッベルスは多分に宣伝的な「冬季衣料をロシアの戦場へ送ろう」と呼びかける全国キャンペーンを展開し、国民に毛布、靴下、下着、セーター、帽子、防寒服、耳防寒具など数百万点を集めた。一方で大衆は「そんなに絶望的であったのか」と現状に衝撃を受け、それまでの楽観的な姿勢を改めて戦争報道に注意を注ぎ、戦場の将兵の労苦に心を寄せて犠牲を払うことをいとわなくなった。

ゲッベルスは国民の名誉心に訴える宣伝戦を成功させて、長期戦争に耐える国民の覚悟を引き出した。だが、国民はこれから必ずや起こるであろう巨大な苦難をまだ知らなかったのである。

強力なソビエト軍の反撃と冬将軍に直面した東部戦線の将軍たちは、部隊を後方へもどすことを進言するが、占領地を失って退却すると考えるヒトラーは許さなかった。

一九四一年十二月七日（日本時間、八日）に日本海軍の空母群による機動部隊がパールハーバーの米太平洋艦隊を攻撃した。ドイツは三国同盟にしたがって十二月十一日／十二日にかけて米国へ宣戦布告をなした。ゲッベルスにとって第二戦線の出現となり、米国を敵に回すことは最も困難な状況となることが明白となった。だが、ゲッベルスの宣伝はその思いとは正反対なもので、「第一次大戦時には米国が宣戦布告をなしたが、今次大戦では力を蓄えたドイツが米国へ宣戦布告をした」と述べ、アメリカは恐れるに足りないとし、「ドイツの真の敵はボルシェビキと国際的ユダヤ組織である」と相変わらず強弁した。これは、ヒトラーがいうところの「国民に敵する相手は一人以上見せてはならぬ」に従ったものだった。

その一方で、ゲッベルスは宣伝省内の幹部会で国際的に組織されたユダヤ共同体などは存在しないと明言したが、影響と通報を恐れてすぐにこの言葉を訂正し、米国に対する悪罵宣伝は一層酷くなった。そして、さらに状況の悪くなるロシア戦線から国民の眼を一時逸らせるために、「アジアにおける日本の勝利が英米の敗北を示し、結果的にドイツの勝利となる」と宣伝した。

一九四二年になるとゲッベルスは、大西洋におけるUボート戦（潜水艦戦）の宣伝を一層強化した。潜水艦と乗員による海の戦いはどこかミステリアスであり、戦闘機乗りの華やかな空中戦に匹敵したところがあったからである。宣伝省がUボートによる三〇〇〇万トンという撃沈トン数を勝手に生み出し、ゲッベルスの「アメリカの巨大な生産力による軍需品はドイツのUボートの手で海の藻屑となり、戦場の連合軍には絶対に届かない」と豪語する宣伝は一九四三年まで続行された。だが、潜水艦の戦場はＰｋ宣伝報道員の写真やニュース映画が制作されても具体性に乏しく派手さがなく、国民の眼に示されたが宣伝戦では主役ではなかった。

一方でゲッベルスは戦争ヒーローの誕生に力を入れた。一九三九年の開戦劈頭にUボートで英国の艦隊停泊地スカパ・フローを奇襲して戦艦ロイヤル・オークを撃沈したギュンター・プリーン艦長や、西方戦線の華やかな撃墜エースのヴェルナー・メルダース、アドルフ・ガーランド、北アフリカ戦線のハンス・マルセイユ、東部戦線の数々の空軍の戦闘機エースたちである。そして、このようなゲッベルスが生み出した最大の国民的な戦争英雄は北アフリカの戦場で「小よく大を制した」アフリカ軍団長のエルウィン・ロンメル元帥だった。彼らを使った華々しい宣伝は都合の悪い状況から大衆の眼を逸らすにはもってこいであった。

一九四一年冬のモスクワ攻撃は失敗に終わった。このころは多くの学習を果たした英国の宣伝手段は急速に洗練され、ＢＢＣ放送は記録していたヒトラー演説やゲッベルスの放送の

〈右〉ゲッベルスの生んだ戦争英雄ロンメル元帥が表紙の「シグナル」宣伝誌。〈左〉スカパフロー奇襲の海の英雄Uボートのプリーン艦長と海軍宣伝誌「クリークスマリーネ（海軍）」の表紙。

矛盾を鋭く突く論評で宣伝戦の主導権を握りはじめた。他方、ゲッベルスの側近だった国内新聞局長のフリッチェはゲッベルスと意見が合わず、志願して東部戦線の前線へ出て行ってしまい、後任にはヴェルナー・ナウマンが指名された。

一九四二年の夏にロシア南戦線でマイコプの油田と穀倉地帯を手に入れる夏季攻勢が計画された。ヒトラーはゲッベルスにこの攻勢を秘匿する宣伝戦を命じ、ゲッベルスはモスクワを再攻撃するという臭いを宣伝で振り撒いてカモフラージュした。この結果はスターリンがモスクワ再攻撃を憂慮しているというスイスからの情報により成功したことが分かった。

ゲッベルスの宣伝施策は多岐にわたり、国民の食料の減配事態に対しては「このような厳しい措置の意味を我々は充分に理解しているが、我々は制限期間を明言する立場にはない。けれども、この措置は絶対に必要なのである……」と続いて、事実を述べて国民を納得させた。

ここで、ゲッベルスは新機軸の放送を行なった。それはPk宣伝部隊の放送記者が現地で取材録音したテープ・レコーダーを回しながらアナウンサーとともに解説して、効果を上げた。

このころになるとゲッベルスへの反撃宣伝は英国ばかりではなく、ソビエトの宣伝機関も黙ってはいなかった。ソビエト人民外務委員会のソロモン・アブラモヴィッチ・ロゾフスキーによる妨害にゲッベルスは辟易した。このロゾフスキーは西欧州の事情に通じたユダヤ系ロシア人政治家で、ソビエト情報局総裁や外務大臣代理に該当する人民外務委員代理を歴任した人物だった。

例えば、ドイッチュラントゼンダー（ドイツ放送局）のアナウンサーが戦果報道を発表すると、同じ周波数に合わせて強力な電波を発信して効果的なタイミングで放送に割り込んで、「それは嘘だ！」、本当の戦果はこうなのだと修正するのである。この割り込み放送は国民がすべて聴いていて、しかも非常に巧妙だった。

また、戦場で得た兵士たちが所持していた家族からの手紙も大いに利用された。兵士の母は「お前の父が病気になったが病院も薬も栄養価の高い食料も得ることができない」と本国の困窮の状況を前線の兵士に知らせた。ロゾフスキーの謀略放送はその母の名と住所を読み上げてから、ナチ幹部専用レストランへ行くように助言した。けれども、「あなたは特別なコネがなければ追い出されるか、法外なレストラン代金を払わねばならないだろう」と草の根レベルでの心理戦を展開した。

北フランスのディエップ奇襲を行なった英・加軍の作戦は失敗に終わった。

やがて、ドイツ人捕虜から選抜した自由ドイツ人委員会が加わり、ナチ体制の弱点を正確に鋭く突いてゲッベルスを悩ませた。ロゾフスキーは国防軍広報の発表に乗じて同じ手法の割り込み電波で戦果をその場で訂正した。やむなくドイツ放送局は放送を中断してレコード音楽を流して誤魔化し、地方局へダイアルを合わせるようにとアナウンサーが呼びかけたが、このようなドイツ大衆に直接語りかける宣伝戦は非常に効果があった。

もうひとつ、ゲッベルスが恐れたのは第二戦線の出現である。というのも、ソビエトが西側連合軍に欧州上陸の第二戦線を強く要求している事実をつかんでいたからである。実際に一九四二年四月に英・

1942/43年冬季にスターリングラードでドイツ第6軍は壊滅した。

カナダ軍による将来の上陸作戦を見据えて北フランスのディエップへ上陸作戦が行なわれたが、このときは規模も小さくドイツ軍の守りが固くて成功しなかった。この上陸軍撃退の事実が、ナチ宣伝にとって欧州侵攻はあり得ないという基盤となったのである。

退却戦

一九四二年八月末からスターリングラード（ヴォルゴグラード）の攻防が東部戦線の眼玉となった。一方で同年十月に北アフリカ戦線のエル・アラメインでロンメル元帥が指揮するドイツ・イタリア機甲軍がモントゴメリー大将の英第八軍に大敗して、チュニジアへ大敗走となった。

この事態に対してゲッベルスはドイツ国民の海を隔てた遠い熱砂の北アフリカ戦線と、同じ陸続きのロシアに対する感覚の差を利用して「北アフリカの敗北は辺境地の戦争であり大局的な影響はない」と片づけたものの宣伝戦は精彩を欠いていた。そして、身近に感ずるロシア戦について「ドイツの発表を世界が待っているが、今、我々は国益に触れるような報道をひかえている」と何かが起こるというような含みのある言い逃れで国民にさらなる忍耐を求めたが、国民が期待するような逆転劇は起こらなかった。

戦争初期の連合国空軍のドイツ爆撃はわずかな損害しかもたらさず、空軍の総帥ゲーリングは「敵機は一機たりともドイツ上空には入れない」と豪語していた。確かに一九四〇年から一九四一年までの英空軍の爆撃は機数も回数も少なく効果が挙がらず、爆撃の跡を大衆が物珍しく見物していたほどだった。

だが、翌一九四二年の半ばから一九四三年にかけて夜間はアブロ・ランカスター四発爆撃機が、そして昼間は米国の空の要塞B17による大規模爆撃が激しくなり、古都ケルンやデュッセルドルフは壊滅した。

ゲッベルスはそれまで取るに足らないという態度であったが、このような大規模爆撃の事実を隠し覆せるものではないと悟ると方針を転換させ、こんどは野蛮な連合軍というイメージ作りに勤しんだ。恐怖爆撃は常套語となり、理由もなく非戦闘員の女性と子供を殺戮してドイツを恐怖で覆いつくして暴虐の限りをつくしていると国民に恐怖を吹き込んだ。

ついこの間まではポーランドのワルシャワとオランダのアムステルダムへの無差別爆撃をはじめとする爆撃による恐怖を宣伝して屈服させ、さらに炎上するロンドンを世界へ発信したのはほかならぬゲッベルスと宣伝省であった。この著しい矛盾についてゲッベルスは「今、ドイツは多事多難であり、国民は忘れっぽいものである」といったが、まさにそのとおりとなった。

戦争が後半期に入った一九四二年秋のゲッベルスと宣伝省の方針は、「連合軍総司令部の爆撃によりドイツの士気を挫き破壊するという戦略は決定的な過ちであり、実態はその正反対である」となり、爆撃報道は宣伝省内に特別局を設けて夜間爆撃を戦場報道方式により美化することにした。この結果、爆撃の激しさ、凄惨さと恐怖を知らせ、憤怒で満たして国民に戦争の続行を決意させた。とはいえ電撃戦の勝利は消え失せてしまい、ヒトラーのもとで一体となった戦争に対する熱狂的な炎は消えかかっていた。それでもゲッベルスは国民を強引に引っ張っていかねばならなかった。

ゲッベルスの宣伝政策の決定にはそれなりの判断基準があった。国民の動向や思考を知る手段として、宣伝省内の週刊報告書、ガウライター（大管区長）やその下にあるクライスライター（地区指導者）からの報告書、SS（親衛隊）のSD（保安本部）の民情報告書は国民の諸政策への反応や不平不満を記録していた。それは勿論、ゲッベルスにとって不愉快なものであったが、宣伝戦の遂行には必需なものであった。

一方でゲッベルスは宣伝大臣であると同時にナチ党宣伝部長でもあったから、国民がナチ党とヒトラーから離れ出したということは両方の立場に矛盾が生じたためであり、ゲッベルス自身の責任でもあった。

戦争が四年目となった一九四二年末から一九四三年にかけて総統秘書のボルマンとゲッベルスは合議を重ねて、「最終的勝利を前面に出し、公約を多くくり出して国民を扇動する」ことになった。ゲッベルスは「教会の牧師は同じ説教をくり返している。しかし、信者が、それは先月伺いましたとは言わない。宣伝は単純な方法でくり返すことが大切だ。嘘も反復すれば本当になる」と述べた。

ナチ党の宣伝員たちはゲッベルスの指示をもとにしてドイツ中を回り、ドイツ人は支配人種であるとか、秘密兵器が近く登場するとか、理想の千年帝国の繁栄とか、時にはひそひそと噂の耳打ち作戦を行なった。これは、宣伝員たちの話は非公式であり責任をともなわないという利点があり、ゲッベルスが話せば大臣談話として残るという危険があったからである。

ゲッベルスの有能な側近で放送局長だったハンス・フリッチェ。

ゲッベルスは一九四二年末に志願して東部の戦場へ行ってしまった有能なフリッチェをベルリンへ呼びもどしてドイツ放送を管轄させた。

それから間もなくの一九四三年元旦にソビエトはスターリングラードを包囲したドイツ第六軍を逆包囲により壊滅させたと発表した。国防軍軍事広報はそれから二ヵ月以上もうやむやな発表をくり返した末に「ドイツ第六軍は西欧から分離された」と事実上の敗戦を認めた。

このドイツ軍の大壊滅はゲッベルスに衝撃を与えたが、すぐに宣伝戦を開始した。いずれ三〇万人もの人的損害は国民の知るところとなるとゲッベルスは考え、第一次大戦時のルーデンドルフ元帥の言葉を借用して「ドイツの総力戦（トタルクリーク）」をヒトラーに提言して賛意を得たが、ヒトラーは、ゲッベルス、国防軍最高司令部総長のカイテル元帥、総統官房長ハンス・ラマー、総統秘書ボルマンで委員会を作れと指示されて、宣伝省にもどったゲッベルスは彼らがいかほどの宣伝戦を知っているのかと大いに怒った。

ここでゲッベルスは報道を通じてスターリングラードの敗戦を率直に国民に知らせ、Ｐｋ宣伝部隊の報道員は戦線の将兵の悲惨さ、苦境、絶望を報告した。国民は驚愕と衝撃を受けて身を固くし、外国の報道機関は驚いてゲッベルスはついに気が狂ったのかとまで評した。だが、ゲッベルスは正気であり、事実に立脚した報道により国民に覚悟をさせて耐える精神を生み出すことを意図したのである。

一九四三年二月一日、ついに国防軍戦時広報もスターリングラードの敗北を認めざるを得なくなった。新聞報道は厳粛に黒枠で囲む葬送の記事を発表し、ラジオ放送はオーケストラで暗い軍歌「戦友」の演奏をもって神秘的な雰囲気の中で放送局長ハンス・フリッチェが状況を語った。

ゲッベルスはこの衝撃宣伝戦の中で、「この戦争に勝利するか、はたまたボルシェビズムと化すか」との選択を迫り、人々の意思の瓦解を防ぎつつ、ふたたび国民を引っ張ることに

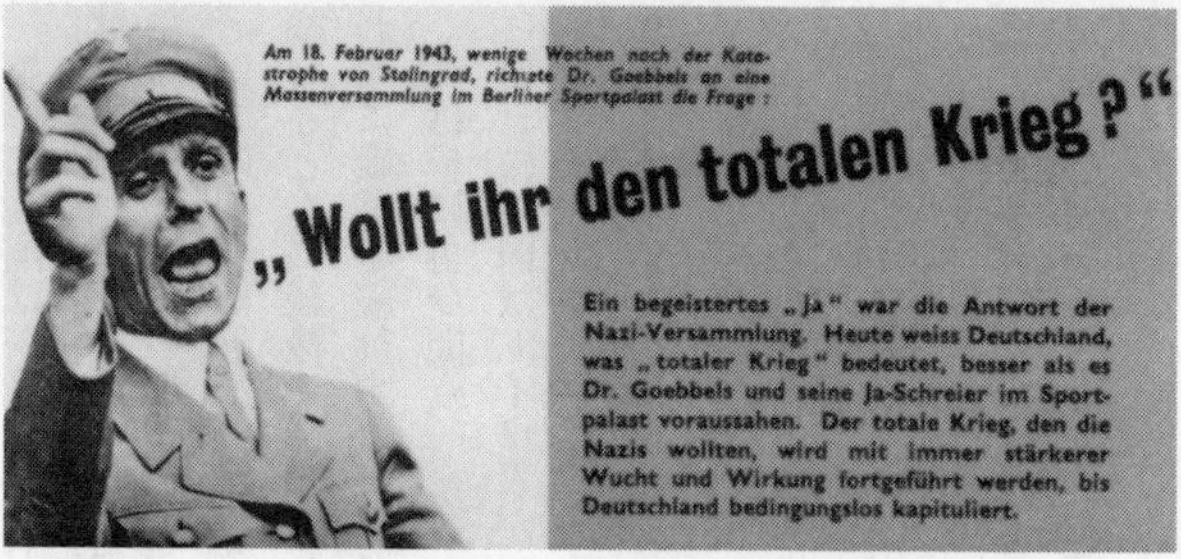
Am 18. Februar 1943, wenige Wochen nach der Katastrophe von Stalingrad, richtete Dr. Goebbels an eine Massenversammlung im Berliner Sportpalast die Frage :
„Wollt ihr den totalen Krieg?“
Ein begeistertes „Ja“ war die Antwort der Nazi-Versammlung. Heute weiss Deutschland, was „totaler Krieg“ bedeutet, besser als es Dr. Goebbels und seine Ja-Schreier im Sportpalast voraussahen. Der totale Krieg, den die Nazis wollten, wird mit immer stärkerer Wucht und Wirkung fortgeführt werden, bis Deutschland bedingungslos kapituliert.

『国民に問う10の質問』を示す「あなたは総力戦が必要か？」の宣伝ポスター。

成功した。

一方、総統報道官のディートリッヒはこのゲッベルスの予想外の宣伝戦にびっくりして打つ手がなくなり、親衛隊のヒムラー長官はゲッベルスから報道の検閲権を取り上げようとさえしたが、ゲッベルスはひるまずに宣伝戦の仕上げに入った。それは、ヒトラーの演説をもって宣伝戦を勝利させることだったが、ヒトラーは勝利があるまでは演説をしないと拒否した。そこでゲッベルス自身が演説をすることになり、二月十七日にスポルト宮殿の演壇から一万五〇〇〇人の大聴衆を前にして、実態のはっきりしない「総力戦」の遂行を呼びかけた。演説そのものは充分な演出と計算に裏づけられて、同時中継でラジオ放送された。これが良く知られる「国民に問う一〇の質問」である。

ゲッベルスは放送マイクのある高い演壇から聴衆に向かって、「諸君は我々の言葉をラジオで聴いている敵の前で答えねばならない」と語りかけた。

『私は皆に問う。

第一に英国はドイツ民族が勝利の信念を喪失したという。諸君は総統とともに最終的な勝利を信じているか、困苦を克服して各人それぞれが重い負担を担ぎ、勝利のために総統の後に続こうとしているか。

第二に英国はドイツが戦争に疲れ切ったと主張する。私は皆に問う。我々が勝利するまで総統とともに銃後の部隊として国防軍の後ろにあって、厳しい覚悟を持ち、運命の変転に迷わずに戦争を続行する決意があるか。

私は皆に再び問う。

第三に英国はドイツ人が戦時勤労に喜んで応じなくなったと主張する。諸君ドイツ人は総統命令で一日一〇時間、一二時間、いや、一四時間、一六時間でも働き、勝利のための決死の覚悟があるか。

私は続けて皆に問う。

第四に英国はドイツ国民が総力戦体制と総動員に反対して望むのは降伏であると主張する。諸君は総力戦を欲し、必要ならばより徹底的にと求めるか。

第五に英国はドイツ国民が総統を信頼しなくなったと主張する。諸君の総統に対する信頼は大きく不動であるか、その覚悟は総統の進むいかなる道にもしたがい、戦争を終了させるために必要なことをすべて行なう覚悟が無制限にあるか。

第六の質問を発する。諸君はボルシェビズムに決定的打撃をあたえるべく、人と兵器を全力で東部戦線へ送る覚悟を有しているか。

第七に諸君は銃後にあって勝利の獲得のためにすべてを捧げることを前線の将兵に誓えるか。

第八の質問をする。とくに女性諸君に問う。ドイツ女性は全力を戦争遂行に捧げ、女性ができることならどこへでも行き戦線の男性を助けることができるか。

ここで第九の質問をする。私は皆に問う。徴兵忌避者や裏商売人、あるいは平和と称して利己的目的を追求する者どもに対して断固たる処置をとることに同意するか。

一〇問目の最後の質問を皆にする。諸君はナチ党綱領にしたがい、国民が戦争の負担を連帯して負い、上下に関係なく、豊かな者も貧しき者も、戦時の平等の権利と義務を分かち合うことを望むか』

どの質問も、そのたびに肯定の意思をしめす「ヤー（そうだ）！」の大歓声が響き渡った。ゲッベルスは熱狂した聴衆の芽を摘むだけでよかった。そして、こう締めくくった。「国民の覚悟はできている。立ち上がれ！」と民衆を扇動した。ゲッベルスの一時間にわたる渾身の演説は完全に成功して聴衆の心を動かし、ふたたび国民は戦争と向かい合う覚悟をしたのである。

このころ、ヒトラーは超人的支配力を失ってしまい、いくつかの演説も支離滅裂でゲッベルスをいたく失望させていた。それでもゲッベルスは魔力を失ってしまった総統を担がねばならず、一九四三年以降はヒトラーをフレデリック大王に例えてみせ、「大王は英雄的、決然たる精神をもって運命に立ち向かった。その真の後継者はヒトラーである」とキャンペーンを張ったが、大王の精神を継ぐ真の人物は自分であると密かに自負していたことは明らかだった。

事実、ヒトラーは国民の士気に関心はなく、自分が始めた戦争なのに「国民が総統と一体化せずに戦わないのならば自ら滅びてしまえ」という手前勝手な信念を有していた。他方、ゲッベルスは国家存亡のときにおいてすら、好きな映画の制作に多くの時間を割いていたのは大きな矛盾であった。

連合軍の反撃

国民をひととき熱狂させたゲッベルスであったが、一九四三年春に北アフリカ戦の最後の抵抗地であったチュニジア戦線を失った。ロシア戦線でも国防軍はスターリングラード戦以降は撤退戦が続き、同年夏には戦勢転換をかけた「ツィタデル（城塞）作戦」がロシア中央戦線のクルスクで実施されたが敗北してしまい、しだいに国民の熱意はろうそくの火のようにとぼれていった。この年の七月に連合軍はイタリアのシシリー島へ上陸して、イタリア本土進攻戦も迫っていた。ドイツの諸都市は米国の昼間爆撃と英国の夜間爆撃によりつぎつぎと地上から消え失せていった。そして国民に最も大事な食料が、さらに減配されてしまった。

それでも、意気阻喪せずにゲッベルスは相変わらずボルシェビズム化の危険に固執して、「世界は赤化される脅威にさらされている」と宣伝戦に勤しんだ。

折からスモレンスク近郊のカチンの森でソビエト軍に殺害された数千人のポーランド軍将兵の遺体が発見された。ゲッベルスはすぐにこの事件を好機と捉えると、大がかりな発掘調査を同盟国の報道員たちに公開して、赤軍の残虐ぶりを宣伝して連合国間の離反を図った。この宣伝戦は間違いなくゲッベルスの勝利であったが、連合国側ははるかに大規模なドイツによるユダヤ人虐殺情報を得ていたために、この事件は黙殺されてしまいゲッベルスの一人芝居に終わってしまった。

Katyn
le paradis sous terre.
赤軍によるポーランド将兵虐殺カチンの森事件をアピールする宣伝ポスター。

今や国民の戦争への意思を砕いているのは連合国の昼夜を分かたぬ爆撃だった。ゲッベルスは、「爆撃を受けて苦しむのは我々ばかりではない。敵もまた我が爆撃に苦しんでいる。いずれ敵も疲れ切ってドイツ爆撃は止まるであろう」と言い逃れたが、国民はもはやこんな言い訳は単なる気休めだけだと分かっていた。

一方でゲッベルスは、やがて報復攻撃が始まるであろうと新兵器の出現を臭わせて国民に噂を広めた。しかし、しばしば耳にする決して実現しないこの種のひそひそ話に国民はもはや反応しなくなっていた。加えて、ドイツにとってもっとも憂慮すべき東西二正面戦線の出現により、いずれ連合軍が英国海峡を押し渡る北フランス侵攻が迫っているのは誰の眼にも明らかであった。

宣伝省のフリッチェは宣伝イメージとして巨大な防衛陣地で侵入を防ぐ、宣伝用語の「ヨーロッパ要塞」を提案した。ゲッベルスは国内向け方針として「要塞は包囲されてしまい、いずれ陥落するので好ましくない」と渋ったが、この用語はすぐに使われだした。

案の定、国民は激しい爆撃が念頭にあり「宣伝省の屋根なしヨーロッパ要塞」と陰で揶揄した。一方でゲッベルスは、ドイツは自国のためばかりでなく全ヨーロッパのために戦うのだとして「ヨーロッパ要塞」の対外的な使用には賛成した。

すぐに多数のＰｋ報道員たちが北フランスの海峡沿岸へ送られて、難攻不落の大西洋防壁の存在を写真とニュース映画により誇示して、連合国のヨーロッパ侵攻は不可能であると宣伝戦を行なった。この宣伝は翌年のノルマンディ上陸戦前に連合軍の戦争指導部に大きな驚異として認識されたのでキャンペーンは成功だったといえる。

一九四三年九月にイタリアは連合国に降伏して日独伊の三国同盟は崩れてしまい、独裁者ベニト・ムソリーニはアペニン山脈のグランサッソのホテルに幽閉されたが、ＳＳ少佐スコルツェニーの指揮するドイツ降下部隊の奇襲により救出された。この救出作戦の過程はＰｋ宣伝班報道員の手で撮影され、アクション映画風に仕立て上げられて士気の向上に役立ったのはゲッベルスの筋書きの成功であった。

〈上〉ノルマンディ上陸は死人の山だと脅す古典的なプロパガンダポスター。〈下〉1943年9月、イタリアで失脚した独裁者ムソリーニ救出劇も宣伝に使われた。

この年後半のベルリンは空襲の損害はそう酷くはなかったが、ゲッベルスはハンブルグの惨状を見て、八月一日から婦女子を地方へ疎開させるべく多くの避難列車を仕立てた。この直後の八月二十四日に最初のベルリン大空襲があって南部地区が全滅した。

英国はしだいに宣伝と謀略に熟達してノルマンディ上陸戦の成功にすべてを注ぎ、ヨーロッパ侵攻を予告してドイツに一種の脅迫観念を植え付けていた。放送においても二種類の手法を駆使してゲッベルスに反撃していた。

英BBC放送は過去のヒトラーとゲッベルスの演説録音を放送しながら、公約の部分になるとアナウンサーが約束不履行や公約未達をからかった。例えば「欧州戦は短期に勝利をもって終了するであろう」とヒトラーが演説する場面では、録音を停止して「戦争開始からもう五年も経過している！」といった按配の効果的なコメントを挿入した。

もう一つは地下放送による謀略戦でソルダーテン・ゼンダー・カレー（兵士のカレー放送）と呼ばれ、ロンドンのウァバーン・アビーの特別放送局をセフトン・トム・デルマーが運営していた。このデルマーは戦前に長年ドイツ駐在記者だった人物でドイツの内部事情に詳しかった。カレー放送はフランス沿岸部の大西洋防壁の兵士たちに向けられていて、「こちらはカレー放送です。これよりドイツ西方軍の戦友諸君へ最新ニュースと音楽をお送りします」と始まり、ドイツ放送が放送するのと同じ内容が一足先に放送された。このために英国の謀略放送と知りつつ兵士たちは先にニュースを知ろうとしてカレー放送にダイアルを合わせたのである。

なぜこのようなことができたのか。じつは英国は戦争前にロンドンにあったナチ党御用新

英国の謀略放送（兵士のカレー放送）を成功させたセフトン・デルマー。

聞の「フェルキッシャー・ベオバハター」紙の支局で、破壊された文字通信機（テレプリンター）を秘密裏に回収し復元していた。このために、ゲッベルスの意を汲んだドイツ放送局が作成してドイツ国内と占領地放送局へテレタイプで送信されるニュース原稿を英側が同じタイミングで入手して、事前に巧みに謀略を潜ませて放送したのである。また、爆撃直後の偵察写真をもとにして詳細正確に爆撃都市の街路の被害を放送して、ゲッベルスの発表が信頼性のないことを立証した。

なによりもドイツ国民は聴取禁止と強制収容所送りの危険を冒しても、ゲッベルスの放送より真実性が高いとして陰でBBC放送をそっと聴取する者がかなりいたのである。戦争初期にゲッベルスは英国を宣伝戦の素人とからかったが、いまや攻守所を変えていたのである。

ゲッベルスは連合国のドイツに対するノルマンディ上陸警告心理戦に対する逆宣伝として、上陸時、連合軍に五〇万の損害が出ると、架空だがもっともらしい数字を挙げて脅す宣伝をしていた。

一九四四年六月五日にヒトラーの山荘訪問を終えて宿舎へもどったゲッベルスは、翌早朝に連合軍のノルマンディ上陸を知らされて、「いよいよ、最終ラウンドが開始された」と述べた。ただちに宣伝戦が展開されて、「敵を欧州大陸深く侵入させておき上陸軍に決定打を与えることが我が軍の戦略であるかも知れない」とゲッベルスは演説して新兵器の登場を慎重に示唆した。

六月十五日、唐突に空軍の無人飛行爆弾がロンドンへ発射されたものの宣伝戦との連携を欠き、せっかくの秘密兵器も効果的な宣伝が実行できなかった。宣伝省のシュヴァルツ・ヴァンベルグという人物が無人飛行爆弾をV－1号（Vergeltung の頭文字で報復兵器の意）と呼んだ。また九月三日にロケット兵器A4が発射されると、報復兵器V－2号と呼ばれた。

ゲッベルスは一言の相談もなく実戦に登場したこれらの新兵器を効果的に宣伝できずに不満たらたらだったものの、これまで新兵器について国民をさんざんじらして語ってきた言葉が真実だったという点を証明するという効果をもたらしたのは皮肉なことだった。

同年七月二十二日に東プロイセン（ポーランドのケントシン）のラステンブルグ総統本営でのシュタウフェンベルグ大佐によるヒトラー爆殺未遂事件と呼応して起こったベルリンでの国防軍の反乱の鎮圧に、ゲッベルスが大きな役割を果たした。他方でゲッベルスが英雄に仕立て上げたロンメル元帥の連座が疑われて強制自殺に追い込まれて、国民には国葬をもっ

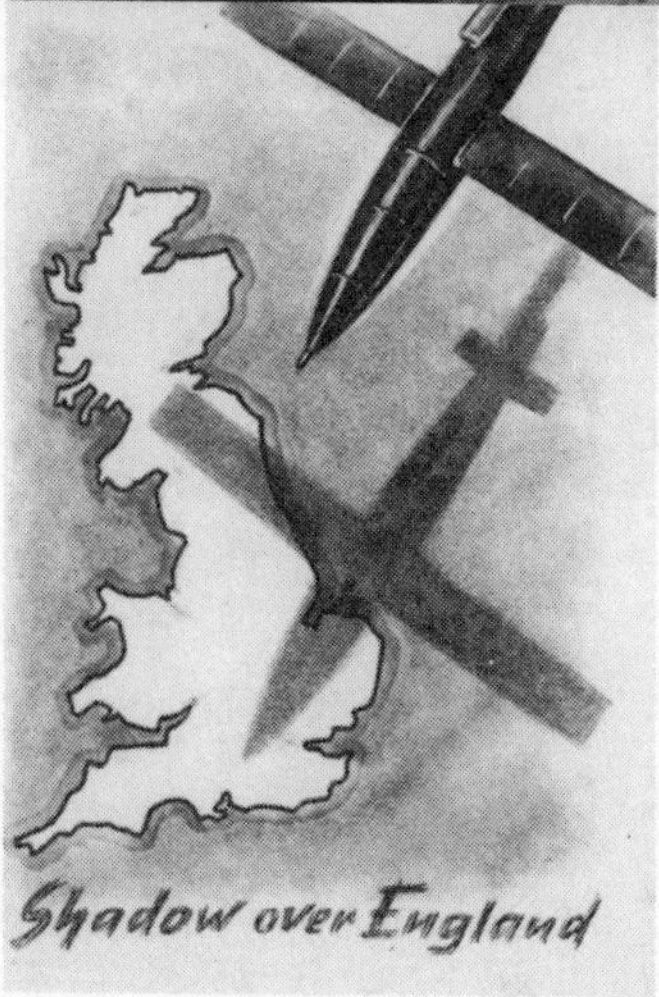

〈上〉1944年6月、連合軍はノルマンディ上陸作戦を敢行した。〈下〉「英国を覆う影」秘密兵器V―1飛行爆弾の宣伝ポスター。

7月20日事件。ラステンブルグ総統本営で起こったヒトラー爆殺未遂の現場。

て事実が隠蔽されたがゲッベルスも大きな痛手を被った。

爆殺未遂事件後、すぐに総統本営へ飛んだゲッベルスが目にしたヒトラーは奇跡的に軽傷ですんだが、手は震え、顔は青ざめて、まるで老いた病人であり、かつての精気あふれる人物のかけらもなく、ましてやゲッベルスの神などではなく、多くの失敗はヒトラーにあり、今や自分の方が優れているとさえ考えていた。

総統本営でヒトラーは、ゲッベルスに総力戦総指導者として全権を与えた。ゲッベルスは「あの時にすんなりとこれを決めておけば戦況も変わっていただろうに」と述べたが、すぐに宣伝省内に総力戦局を設けて、いくつかの政策が布告された。工場労働者の前線送り、その大きな穴をＳＳ（親衛隊）が強制収容者に奴隷労働をさせることで埋め合わせた。五〇歳までの女子の労働徴用、一般行事の禁止、劇場の閉鎖、新聞類の統合、一四歳以上の学生徴募で一〇万人以上が防空部隊の対空砲の補助要員となり、様々な条例を発布して大衆はぼろ雑巾のように絞りあげられて大きな不満を抱えた。

不満を抑えるためにゲッベルスは宣伝省に特別部を設けて説得者と暴力員のペァを組ませて、広場や公園などで総力戦の可否を議論させた。周囲の人々の賛成論が反対論を制すればそれでよし、だが、反対論が強くなれば暴力員が議論の中心的人物を黙らせるという荒っぽい対策を裏で画策した。

1944年末、ヴィルヘルム街を行進する国民突撃隊。背後に見えるのは宣伝省。

一九四四年末にゲッベルスは総力戦体制の締めくくりとして「国民突撃隊」を編成した。一六歳以上六〇歳までの男子と子供や傷病兵らも集められたが、軍服もなく腕章一枚が配られただけだった。そしてベルリンで編成パレードが行なわれた後に宣伝省前の広場に集まった国民突撃隊を前にして、ゲッベルスは激しい演説をもって人々を鼓舞して沈滞した国民の精神の浮揚を試みた。

今や、東部戦線では怒濤のソビエト軍がポーランドを席巻してベルリンへの道をT34戦車隊が殺到していた。西部戦線では英米軍がオランダ、ベルギーからドイツ本土へと迫り、結局、第一次大戦と同様に二正面作戦を強いられ、強大な軍事的圧迫を受けて十月になるとドイツ本土のアーヘンが陥落した。

それでも戦争末期まで良くも悪くも国民を縛りつけていたのは、ゲッベルスの宣伝省であった。初期宣伝は事実にもとづく周到な宣伝戦が実施されたが、戦勢が不利になるとなりふり構わぬ戦意高揚に走り、矛盾、言い訳、欺瞞、嘘、ペテンとあらゆる方策が行使され、しだいに国民は半信半疑から不信に転じた。こうなると、もはやゲッベルスが何を言っても信じる者は激減した。

一九四四年の後半に、あるＰｋ報道員が「ドイツ軍は全戦域で撤退している。ドイツ本土の半分は焦土と化し、もはや事態はこれ以上悪化し得ないほどである。しかし、数ヵ月後になれば我々は必ずや勝利を獲得するであろう」という趣旨の記事を本国へ送り、多くの新聞が掲載した。

これは、前線の実態を知らせながら秘密兵器をもって最後は勝利するという皮肉を混ぜた巧妙な文脈をもって検閲を通過した風刺記事だった。実際には、ゲッベルスが何も手を下さないにもかかわらず宣伝操作に慣らされた国民は、いつものゲッベルスの手法を感じ取り、何か敗勢挽回の秘策があるのであろうと勝手に反応したという事実が当時の状況をよく表わしているといえる。

それでも、ゲッベルスは総力戦に関する国民のアイデアの提案を奨励して窓口を開けていたので、国民からは批判の投書も宣伝省に届いた。

「大臣閣下、一九四三年夏のシシリー島上陸はイタリアのバドリオ政権の裏切りが原因だと貴下は発表した。一九四四年夏のノルマンディ上陸を防ぐはずの難攻不落の大西洋防壁はどうなったのか。巨砲、新型機、秘密の報復兵器、新聞や映画で素晴らしさをさんざんに賞揚したではないか。これらの半数でもあれば連合軍は上陸できなかったはずだ。誰の責任か明確にせよ」

　また、別の投書はこう述べる。

「海峡の機雷封鎖はどうした。嘘つき宣伝大臣閣下、貴下が我々に見せたものの幾パーセントでも真実だったならば連合軍はフランスに上陸しなかったであろう。ほら吹き大臣閣下。今、やっと生き残ったドイツ人は着るものも、食べるものも、住む場所もなくただ廃墟に座るだけだ。我々を救おうともせず、勝利、勝利と叫んで献身を説くが、究極の勝利などないと知れ」

　なかでも、ゲッベルスの英国への報復攻撃キャンペーンに対してはこんな辛辣な投書もあった。

「ロンドンの半分が廃墟になったというが、連合軍爆撃機が昼夜ドイツの都市をつぎつぎと廃墟にしているのに、その程度の戦果が一体なんになるのか」

　こんな脅迫もあった。

「口先ばかりの宣伝大臣、貴様は今からすぐに前線へ行け。これから貴様の防空壕へ行って尻を蹴飛ばして追い出してやる」

ゲッベルスはこのような辛辣な批判を含むさまざまな投書を週二回、大臣室で顔色も変えずに読んだ。この期におよんでもゲッベルスは、かつての精彩の一切れもない総統を軍事と政治の天才と言い続けて支える宣伝戦を続行する以外に方法がなかったのである。

一方で、ゲッベルスはゲーリング元帥の庇護下にあったベルリンの高級レストランの閉鎖を巡ってやりあって以降激しく対立し、何の役にも立たない外務大臣リッベントロップをも激しく非難して、二人の罷免をヒトラーに求めたりしていた。

一九四四年十二月十六日にアルデンヌの森からベルギーのアントワープ港へ突進して連合軍戦線を分断する、ヒトラー最後の攻勢となる「ラインの守り作戦」が発起された。

この日、ヒトラーは「我が精鋭装甲部隊が敗北するならば、これが最後の総統命令となろう」と意気込みを語った。作戦は本土防衛用のすべての軍と備蓄燃料を投入して、初動こそ北欧州でかつてないほどの悪天候に助けられて進撃できたが、予定より早い天候の回復により航空攻撃を受けて攻勢は頓挫してしまい不成功に終わった。

ゲッベルスは攻撃翌日に、攻勢が失敗に終わった場合の責任問題を慮って最高司令官の名を取って「ルントシュテット攻勢」と表現した。まさしくこの期待されもしない配慮は当たり、侵攻三日後に作戦失敗を知った。しかし、後年になり、この攻勢について連合軍は良く考えられた作戦だったと評価している。それは別として、この結末についてゲッベルスは「作戦目的はパリと海峡沿岸地区の再奪回ではなく、敵を前線から退却させることであり、その目標は充分に達せられた」と国民へ宣伝した。

ヒトラー最後の攻勢「ラインの守り作戦(バルジ戦)」中のティーガー2重戦車と米軍捕虜。

だが、攻勢に先立って「最後の総統命令……」と見栄を切ったヒトラーには何ら変化もなく、ゲッベルスにとってヒトラーはもはや輝きを失った古い星でしかなかった。それでも、一九四五年の新年の新聞にヒトラーを讃える論文を掲載したものの、ゲッベルスは総統のことを宣伝のお先棒を担いでもらう人足程度にしか考えていなかったのは明らかだった。

勝利の見えてきた連合軍も英米軍の意見の相違がかなり表面化して一枚岩ではなかった。ヒトラー最後の攻勢だった「ラインの守り作戦」は、英米ではバルジ戦と呼ばれてモントゴメリー大将が米軍部隊を一時指揮したことがあった。大将はバルジ戦後の報道インタビューで米軍は危ういところであったが、自分の介入により救われたと述べて米軍の猛反発を受けていた。

これを知って喜んだゲッベルスは謀略宣伝を思いつき、モントゴメリー大将のインタビューの言葉を米軍が怒るように仕立ててＢＢＣ放送の波長に乗せて流した。

案の定、この謀略は米軍を酷く反発させ、連合国最高司令部内で不協和音を奏でる効果を生み出すことになりゲッベルスの宣伝戦は成功した。だが、ドイツの戦況はこの程度の宣伝戦のみでは得られないほどに悪化していたのである。

戦争最後の年の一九四五年一月、総統官邸とゲッベルス邸は庭で繋がっていて、最後にヒトラーがゲッベルス邸を訪問したときのことを護衛のＳＳ隊員が、「ヒトラーはまるで廃人のようであった」と証言している。

ベルリンでは頻繁に空襲警報が発せられて、ゲッベルスは私邸の地下二〇メートルにあるコンクリート防空壕にしばしば避退した。不思議なことに宣伝省は爆撃の損害は軽微で、ゲッベルスは私邸の地下壕から宣伝省に指示を出していた。そして、ここにいたっても相変わらずゲッベルスは国民へひそひそと新兵器登場の耳打ち作戦を実行していた。

ドイツ滅亡が目前に迫ったこの時期のゲッベルスの宣伝戦を総括するならば、短期宣伝と長期戦略宣伝とに分析ができるかも知れない。短期宣伝は国民の士気の維持であり、長期宣伝はゲッベルス自身が滅びてもずっと生き残る宣伝のことである。例えば「今次大戦が敵の勝利をもって終了するならば、歴史は容赦なく我がドイツ民族に奴隷となる運命を負わすで

1945年春、激しい爆撃で廃墟と化した宣伝省の建物。

あろう。そして、奴隷となった国民が住むドイツでは、たとえ爆撃から生き残った都市や町があっても何の意味もない」というような、表面上は戦争を続行するための恐怖警告である。しかし、真の意味はこのゲッベルスの予言が正確であったと後世の人々が評価するであろうという意図が込められていたのである。

確かに、ゲッベルスは欧州と共産主義ソビエトの関係を正確に見抜いていた。そして「ソビエトはドイツと東ヨーロッパを占領して鉄のカーテンが降ろされる。西ヨーロッパは混乱となりボルシェビズムの到来を待つだけとなる」と予言した。ちなみに東西冷戦時代に普遍的に用いられた「鉄のカーテン」とはゲッベルスの造語である。

また、ゲッベルスは第三次世界大戦の発生により英国が敗北して共産主義となると論じ、自分の死後、将来何が起こるかを予知できた人物として後世の人々が自分のことを信ずるであろうという理念と予言的論法をもって、ゲッベルス流の最後の宣伝戦に挑んだのである。

ゲッベルスはヒトラーによりベルリン防衛総司令官に指名されると、戦力にならない国民突撃隊を督励してベルリン防衛の準備を始めた。また、ベルリン市民にとっては一九四五年二月の幾度かの激しい爆撃で宣伝省が破壊されてしまったことは確かに重大事であったが、それよりも、すでに四〇～五〇キロに迫り来るソビエト軍の噂で持ち切りだった。そして自嘲を込めて、「ロシア兵は戦車障害物を砲撃で吹き飛ばす前に一時間笑った後に一分で片づけるとさ」と笑いにならない冗談を言った。

ドイツ敗戦二ヵ月前の三月になると、ゲッベルスは国民に恐怖を抱かせるソビエト軍の暴虐行為を捏造してラジオと新聞でキャンペーンを張った。こうなると本当の残虐行為もまたゲッベルスの捏造だとして信じられなくなるという悪循環を生み出した。加えて、このような捏造の宣伝キャンペーンはソビエト軍の進路にあたるドイツ人の大量避難を生み出すことになり、国防軍の作戦遂行に多大な支障をきたした。

ゲッベルスのランケの別荘に避難した宣伝省幹部はここで最後の宣伝戦を指揮し、重要書類の始末に追われていた。その上、ベルリンの住民は少しずつ逃げ出していたが、それでも、ゲッベルスは異常な熱意をもって「二〇〇万のベルリン市民一人一人がロシア兵一人を葬れば敵は壊滅する」と叫んだが、この期におよんでは誰も真実だとは思わなくなっていた。

一方、いくつかの立証によりゲッベルスがナチ帝国の崩壊による死を認識したのは一九四四年十二月の「ラインの守り作戦」の失敗時であるとされる。ゲッベルスは、我が総統は帝国滅亡の後に決して生き伸びてはならないと決心して、ヒトラーが逃げ出さないように傍で監視してナチ・イデオロギーが生き残る道を希求した。

この五年間ゲッベルスはヨーロッパ新秩序と文化、ボルシェビズム、金権政治、そして、総力戦キャンペーンを実行してきた。だが、敗戦の理由をどうするかがまだ残っていた。そこで、第一次大戦時にルーデンドルフ元帥のプロイセン・ドイツの敗戦について「赤化革命運動という背後からのひと刺しによるドイツの壊滅」という言葉を利用して、イタリアの降伏、ヒトラー爆殺の陰謀と敗北主義の国防軍の高級将校団にその理由を求めた。

一面焼け野原のベルリン。中央手前はブランデンブルグ門、右手前が官庁街。

そんな時期、米国のルーズベルト大統領の死が伝わり、ゲッベルスは世界に何か大きな変化が起こるのではないかと、ひと時期待したが、現実の国際政治にも何事も起こらなかった。

一九四五年四月十九日にゲッベルスは妻マクダと子供たちをベルリンへ呼び寄せ、二十九日にヒトラーのいる総統官房の地下壕へ家族を連れて引き移り、ヒトラーに死の必然性を話して納得させた。四月三十日、周囲にソビエト軍の砲弾が降り注ぐ午後三時にヒトラーは前夜に結婚式を挙げたエーファー・ブラウンとともに自殺した。五月一日の午後八時三十分にゲッベルスも六人の子供ともども後を追ったが、彼は最後の一瞬まで、自分が後世の人々にどのように映るかを気にした稀代のプロパガンディストとして振舞った。

第3章　プロパガンダ部隊

国防軍宣伝部

ヒトラーとナチ政権により一九三五年にワイマール共和国軍は国防軍に衣替えするとともに軍事報道を行なう直属の宣伝部を新設したが、当初は第一次世界大戦時と同様に報道員が個別に活動する報道態勢が考えられた。しかし、同じ頃、すでに宣伝大臣ゲッベルスが組織的なＰｋ宣伝部隊構想を有していて、動員すべき中核となる報道人たちのリスト化を行なっていたのは注目すべき点である。

ゲッベルスは軍のプロパガンダを組織的に共有するには国防軍宣伝部隊であるべきだと考えて、強くそう主張した。その結果、「軍事組織のＰｋ宣伝部隊」として機能することになった。これにともない国防軍は一九三六年冬にメクレンブルグで一五〇名のＰｋ宣伝隊員の訓練を開始するとともに、部隊の管理上の理由により一時的に陸軍通信軍団に在籍させてい

印刷所を視察する国防軍宣伝部の幹部たち。

たが、やがて本来の国防軍最高司令部宣伝部所属となった。

一九三八年八月に国防軍最高司令部（ＯＫＷ）はＰｋ宣伝中隊とＰｋ宣伝小隊をドイツ国内に一五ある軍管区へ配備を開始したものの要員や機材は不充分であった。ここで、宣伝大臣ゲッベルスと国防軍最高司令部総長のヴィルヘルム・カイテル大将との間で、両者の役割分担を示す「戦時宣伝の実行協定」が結ばれ、「宣伝部は国防軍最高司令部に所属して軍事戦略の一環として前線将兵の啓蒙と士気向上に責任を有する」と規定された。

この両者の協定の概略はおおよそ次のようなものだった。

○宣伝省は国防軍宣伝部を支援してドイツ国内国外の政治宣伝戦を遂行する。

○国防軍最高司令部は軍人と報道員等の専門家をもってＰｋ宣伝部隊を編成し、宣伝省は宣伝戦に必要な報道員と専門家名簿を準備して動員に協力する。

○宣伝省は国防軍宣伝部を経由してＰｋ宣伝部隊へ毎日一定の指示を送るが、必要に応じて宣伝省管轄下のラジオ放送を通じて指令を伝達する。
○国防軍最高司令部は諸部隊に展開するＰｋ宣伝中隊本部（小隊、分隊）からの報告書（記事、撮影フィルムなど）の集約と軍事検閲を行ない、保安上の制約や指示を宣伝省へ通知する。
○新規に「積極的宣伝（対敵宣伝）」のための拡声器小隊を追加する。

この実行協定により、編成された陸軍のＰｋ宣伝中隊はドイツ国内の各軍管区に配備されたが、その後、ゲーリング国家元帥の空軍、レーダー元帥の海軍、そして少し遅れて武装親衛隊（ＳＳ）でも順次Ｐｋ宣伝中隊が編成されることとなるのである。

宣伝部の軍事広報と軍事宣伝を担当した宣伝部長は、国防軍最高司令部の作戦部長ヨードル大将直属の参謀スタッフの一人だったハッソー・フォン・ウェーデル大佐（のちに少将）であるが、戦時宣伝の運用計画は宣伝部のルートヴィッヒ大佐と宣伝省新聞局と放送局の間で協議決定された。新設された国防軍宣伝部の機構は、宣伝Ⅰ課が戦時宣伝、宣伝Ⅱ課が国内宣伝、宣伝Ⅲ課が海軍宣伝、宣伝Ⅳ課が対外宣伝（アルブレヒト・ブラウ中佐）、宣伝Ⅴ課が陸軍宣伝（クルト・ヘッセ中佐）、宣伝Ⅵ課が空軍宣伝を担当した。

ウェーデルは一八九八年十一月二十日生まれであるが、四一歳のときに国防軍最高司令部宣伝部長となり、一九三九年九月一日から一九四五年五月六日のドイツ敗戦まで一貫してこ

宣伝省における宣伝会議。左端はウェーデル大佐で左隣りはゲッベルス。

の職にあり、Ｐｋ宣伝部隊を指揮してゲッベルスの宣伝省との間を調整した。

ウェーデルによれば国防軍宣伝部と民間の宣伝省との関係は多岐にわたり問題もあったが、戦争中の全般的な宣伝戦はよく機能した。また、陸海空三軍のＰｋ宣伝部隊と武装ＳＳ・Ｐｋ宣伝部隊は国防軍最高司令部の宣伝部で一括管理したので、舵取りには難しい部分もあったが権益上の大きな衝突は少なかったと回顧録の中で述べている。

このウェーデルは戦後になって『国防軍宣伝部隊』という回顧録を出版したほかに、アルフレッド・インゲマー・ベルントとの共著で一九三九年から一九四四年までの陸海空軍の戦闘史をじつに一万ページ、四三巻もの大著『ドイツの戦闘＝Deutschland im Kampf』としてまとめたが一九六一年に六二歳で死去した。

さて、国防軍は一九三七年から一九三八年にかけて五個陸軍Ｐｋ宣伝中隊（プロパガンダ

・コンパニエン）を新設したが、これは、ウィーンの第５２１Ｐｋ宣伝中隊、ブレスラウの第５３７Ｐｋ宣伝中隊、ドレスデンの第５４９Ｐｋ宣伝中隊、ニュルンベルグの第５７０Ｐｋ宣伝中隊、およびベルリンの第５５８Ｐｋ宣伝中隊である。

Ｐｋ宣伝部隊が国防軍最高司令部から初の公式通達を受けたのは一九三八年八月十九日に出された戦時編成八二五号（ＫＳＴＮ８２５）だとされるが、一年ほど前の段階で実際の運用命令が出されていることが今日確認されている。加えて、国防軍最高司令部はＰｋ宣伝部隊が装備すべき放送機材や映画撮影機器、そして編集装置とカメラなどの専門機器の調達を宣伝省へ要請したが、これらの装備の契約と費用は国防軍から支払われた。

Ｐｋ宣伝部隊が初めて公式に活動したのはドイツが一九三八年十月五日にズデーテンラントを併合した際であり、Ｐｋ宣伝中隊の活躍をしめす機会になったが侵攻は短期間で終了してしまった。だが、それは貴重な実戦出動経験となり、Ｐｋ中隊長の報告書により軍事訓練不足や機動車両不足などが指摘され、以降の装備改善に役立てられた。当時、第三軍を指揮したフォン・ボック大将（のち元帥）は、「地上部隊に随伴させた宣伝部隊の役割は成功裏に完了した」と報告している。

初期の一般的なＰｋ宣伝中隊は報道小隊と支援小隊の二個小隊編成だった。報道小隊は報道一個分隊、宣伝一個分隊、管理一個分隊などで構成され、士官二二名、下士官四四名、兵士八八名の一五四名で歩兵中隊に比べれば小規模で、指導者の予備士官も第一次大戦時の軍

Pk宣伝中隊の拡声器小隊（心理戦）で右後方列に拡声器搭載車両が認められる。

人か経験豊かな年配ジャーナリストたちだった。

宣伝部長のウェーデル少将によれば、この編成は戦争の進展とともに大きく変化して、戦争中期の一九四二年の最盛期には一個Ｐｋ宣伝中隊は支援部隊を含めて三～四個小隊編成で隊員も二〇〇名を数えた。しかし、戦争が撤退戦となった一九四四年以降は戦況を反映して要員も半分に急減したと述べている。

各年度の平均的な中隊規模を見ると、ポーランド侵攻半年前の一九三九年三月一日では、士官二二名、下士官四四名、兵士八八名で計一五四名である。ロシア侵攻戦が開始された一九四一年六月三十日では士官四三名、下士官五五名、兵士一〇六名で計二〇四名だった。戦争中期の一九四二年三月一日では士官四七名、下士官五七名、兵士一〇五名の計二〇九名である。そして戦争末期の一九四四年四月一日では士官二三名、下士官三八名、兵士六〇名で計一二一名と大きく減じている。

もともとＰｋ宣伝部隊は機械化部隊に随伴可能なように機動力を有する自動車化部隊とし

て計画されたが、車両は急速に拡充される陸軍の機械化部隊に優先供給されたために充分に自動車化されていなかった。Ｐｋ宣伝部隊員は宣伝省が各方面の専門家を募集か動員し、支援要員は国防軍部隊から兵員が移動した。第一次大戦時とは異なりＰｋ宣伝部隊の報道員、映画カメラマン、写真カメラマンを問わず、歩兵としての基本的な軍事訓練が課され、戦況が厳しくなると前線の報道員たちも配属部隊とともに銃をとって戦闘に参加した。そして、戦争の進展と戦闘地域の拡大は必然的にＰｋ宣伝中隊の規模を三～四個小隊編成へと拡充していった。

報道小隊の報道員、ラジオ放送記者、映画カメラマン、写真カメラマンたちは総称的に報道員（ベリヒター＝あるいはクリークスベリヒター＝戦闘報道員）と称された。一個報道小隊は平均して三〇から三六名であるが、新聞、雑誌記者（ヴォルトベリヒター）一〇名、写真カメラマン（ビルドベリヒター）一〇名、映画カメラマン（フィルムベリヒター）五名、ラジオ放送記者（ルントフンクベリヒター）四名、放送技術者（ルントフンクテクニカー）四名、新聞雑誌の挿絵画家（プレスツァイヒナー）か絵画家（マーラー）三名くらいが配属された。

ほかに、フィルム現像を行なう技術小隊、トラックや軽自動車の運用のための運転手を有し輸送や補給などの支援を行なう支援小隊と管理分隊があった。また、Ｐｋ宣伝部隊の兵科色はライトグレーで、Ｐｋ報道員は特殊士官Ｚ（ゾンデルフューラー〈Ｚ〉）と特殊下士官

G（ゾンデルフューラー〈G〉）という一種の待遇階級が与えられて専門家を示す記章を着用していた。

訓練と装備

国防軍最高司令部の一九三九年四月十八日付けの記録によれば、Pk宣伝部隊編成後に陸軍の責任で必要装備の供給と規律維持、および六週間の軍事訓練が施されたことが述べられている。訓練所は利便性という現実的な理由からベルリン郊外の湖沼群に囲まれたポツダム付近の閑静なネートリッツの通信部隊内に開設され、ここにはPk宣伝補充大隊（PEA＝プロパガンダ・アインザッツ・アプタイルング）も置かれていた。国防軍宣伝部で教習と訓練コースが立案されると、指揮士官と指導員が国防軍宣伝部や陸軍総司令部から派遣された。

第二次世界大戦の開始までに約七〇〇名の映画カメラマンがベルリンで視聴覚教習など特定の訓練を受けたが、彼らはすでに映画カメラの扱いを熟知する専門家であり、技術面よりも撮影された映画の分析と宣伝効果などが教習の中心に据えられた。

国防省、宣伝省、映画産業との協力体制が敷かれ、Pk宣伝中隊の要員はしばしばUFA《ウーファー》映画社（ナチ党が八〇パーセントの株式を所有する実質的な国策映画会社で記録映画製作三社を統合した子会社が有名な「ドイツ週刊ニュース」を製作した）へ派遣されて撮影スタジオで実習を行なった。また、ドイツ影響下の国々から志願したカメラマンの訓練には通訳を

互いをモデルにして撮影アングルを訓練中のPk報道隊員たち。

1000ミリ超望遠レンズで撮影訓練中のPk隊員で右から3人目に海軍Pk隊員の姿も見える。

Pk宣伝中隊のエンブレム。

介在させた。

Ｐｋ宣伝部隊は無論報道員の集団だけでは機能せず、彼らを支える組織と機材、そして要員があってこそ、真のプロパガンダ・マシーンは効果を発揮することができるのである。

自動車は第二次大戦前に多種の車を生産していたドイツ自動車産業界と民間から徴用したために、国防軍全般にわたり多種車が配備されていて、故障するとそれぞれに異なる部品を探さねばならず修理の煩雑さは全軍の問題だった。車両を統一することで保有部品の均一化を図れば修理はずっと容易になるのは当然であり、大戦前に陸軍兵器局のフォン・シェル少将は他企業多車種を整理して部品を共通化するシェル・プランを推進したが、充分な効果のないまま戦争に突入してしまった。

さらにＰｋ宣伝部隊のオートバイ・サイドカーに宣伝機材の特殊ユニットを装備することになったが、これは、サイドカーが荒れた地形では単車よりも安定して高速走行が可能なことと、かなりの搭載量を確保できたからである。こうした車両化を前提として報道員と士官にはトラックと自動車の運転訓練も実施された。

ズテーテンラント侵攻時の指摘により装備の充実が要請された結果、報道用特殊自動車（ビューロワーゲンと称された）が装備されたほか、フィルム現像、前線新聞の印刷などの専門分野は同種、同装備を基本とした。そして映画、放送、新聞、写真撮影用の車両の統一と装備の改善が図られたが、実際は様々な車両が使用された。

例えば軽車両（軍の呼称はＫｆｚ／２）はタイプライター、写真機材の三五ミリ・カメラのボディ、ガラス乾板式カメラ、レンズ、フィルムなどを装備した。中型車両（軍の呼称Ｋｆｚ／15）を改造してフィルム、望遠レンズ、三脚を格納した。

映画撮影用カメラの三脚架設置場所の欠落、不適当なショルダーカメラ（肩に担ぐカメラ）の一二〇メートル・フィルム・マガジンの置き場所など、車両はつねに改良され、一六ミリ・カメラのような軽量ハンディな機材や三五ミリカメラ用の交換レンズも装備された。

Ｐｋ宣伝中隊の専門車両は三種の特別な車両が配備された。一両目は三五ミリ・フィルムとガラス板（乾板）の野外現像処理車であるが、これはライツ製のプリント用フィルム引伸機四台、フィルム密着焼機器とフィルム現像タンク四台、化学剤用トレー、ネガ乾燥機を装備した。二両目は写真プリント用の車両だが、ガソリン駆動発電機を装備して暖水・冷水と電気を供給し、一方で印画紙やフィルムを保存する倉庫的役割も果たした。三両目は電気と紙を供給できる機動印刷車である。これは、前線新聞、宣伝リーフレット、ポスターなどを制作するが、新聞の見出しやトップ記事を目立たせるための二色印刷機も装備されていた。

一方、前線には無論本格的なフィルム技術センターのような設備はなく、敏感なトーキー（音声）付き映画フィルムも技術上の理由でベルリンの専門施設へ送られた。

Ｐｋ宣伝部隊には移動映写用の車両があり、三五ミリ版ニュース映画（一六ミリ版トーキー映写機装備車両もあった）の映写機を搭載して、トーキー映画を本国、占領地、戦場を含

〈上右〉空軍Pk宣伝部隊の放送用の録音車両だが1941年からテープレコーダーが装備された。〈上左〉放送用のマイクロフォンを用いて実況放送を行なうPk宣伝部隊の放送報道員。〈下〉ポーランド戦時に車内で記事を読むPk放送報道員で左前方に固定マイクが見える。

めた各地で頻繁に上映した。これらの映写車両と拡声器搭載車は大電力が必要なためにガソリン発電機を搭載していた。

撮影機材は多くが優秀なドイツ製カメラのほかに、多種の外国製三五ミリ版カメラと映画撮影用カメラが混在していたのは興味深い。一般的な三五ミリ版カメラ用の標準、広角、望遠などの各種交換レンズのほかに旧式なガラス乾板カメラも用いられた。またＰｋ宣伝中隊単位で特殊な六〇〇ミリと一〇〇〇ミリ望遠レンズを装備し、野外カメラ用の三脚架も三種あって特殊な望遠レンズとともに専用ケースに格納して特殊車に搭載された。そしてラジオ放送用には録音機一台を装備したが、一九四一年からはテープレコーダーも供給された。

レコード録音機を装備するラジオ放送用の特殊車は運用試験の結果、Ｐｋ宣伝中隊には過重な任務だと判定されたが、ドイツ放送会社が関与して技術面の改良がなされ、政治あるいは軍事上の重要なイベント（催事）放送を電波中継所を介して放送できるようにした。だが、ドイツ全土や海外向けの広範囲にわたる実況放送中継は陸軍の通信施設を使用することになっていた。実際に一九三九年のズテーテンラント侵攻時のラジオ放送中継網は陸軍通信軍団によって行なわれている。

このほかに報道隊員には重要装備の一つとして文書が読みやすく修正も簡単、かつ、検閲時の注意事項を挿入できるなどの利点もあって、携行ケース付きのエリカ・タイプライターと備品が支給されて様々な手段で前線へ携行された。写真カメラマンはライカかコンタックス三五ミリカメラとボディ、および交換レンズとポートレート用にリンホフ13／18カメラなどを携行した。ニュース映画カメラマンはアリフレックス、米国製のベル＆ハウエル映画カメラや重量のあるミッチェル撮影機も使用した。

Ｐｋ宣伝中隊の本格的な教習は一九三九年六月からベルリンのフリードリッヒ大通駅付近のアレキサンダー兵舎で実施された。このとき教習に参加した映画撮影の専門家だったヘルムート・ゲルツァーはこう語っている。

「特殊部隊だった宣伝部隊の編成や組織図などは示されなかったが、映画カメラマンとスチール写真カメラマン、新聞記者、放送記者やアナウンサーなどが兵舎へ集められて、訓練指導官のクラウス少佐により階級の別なく小銃の射撃訓練が行なわれたほかに、数少ない経験豊かなプロ・カメラマンの手で若い専門家が訓練された」

また、第689Ｐｋ宣伝中隊で訓練された東プロイセン（現在、ポーランド、ロシア、リトアニアに分割）地域から入隊した唯一の報道員だったルートヴィッヒ・ノアックもこう回顧している。

「部隊には陸軍所属のトラックが数台配備された。要員は軍人と民間人の混成でＰｋ宣伝中隊は秘密であったが、兵舎で何が行なわれているかを周囲の住民たちはよく知っていた。また、Ｐｋ宣伝中隊には前線で投降を促し、占領地住民にナチ帝国の政策や理想を宣伝する重要な拡声器部隊もあった。教官たちは宣伝技術の専門家と外国を熟知した人々で構成され、

「カメラマンの兵器はカメラだ」。ライカⅢを手入れしている。

もっとも多く使用されたニュース映画撮影用の35ミリ・アリフレックス映画カメラ。

Ｐｋ宣伝部隊報道員の必携品はエリカ・タイプライターだった。

教室では第一次大戦と一九三七年のスペイン内乱時に派遣したコンドル義勇軍での経験と拡声器の有効使用や宣伝ビラ教習コースもあった。訓練後は第689Pk宣伝中隊に配備された後に、占領地域で拡声器宣伝や二ヵ国語の宣伝ビラの制作配布とポスター貼りなどを行なったが、これらの宣伝活動に技術要員や運転要員の支援は欠かせなかった」

通常の訓練は朝六時に開始されて夕方五時三十分に終了する。歩兵の携行兵器Kar98k小銃、旧式なルーガーP08ピストル、および連射式のMP38/40短機関銃の操作は軍人に欠くことのできない訓練だった。また、のちに空軍Pk宣伝部隊の要員は航空機載のMG15とMG81機関銃の操作訓練も実施された。

しかし、一九四二年の冬期になると連合軍重爆によるベルリンと周辺地が猛爆にさらされて空襲警報が頻繁となり危険が高まった。

ポツダムにおける最後の訓練はドイツ敗戦三ヵ月前の一九四五年二月初旬に空軍Pk宣伝中隊に対して実施されたが、この部隊は馬曳部隊としてゲッベルスが組織した国民突撃隊とともにソビエトの大軍を阻止するために防衛戦に投入されて消滅する運命にあった。

一九四五年春、すでにソビエト軍の急速な進撃で首都ベルリンは危機に陥り、首都防衛のために宣伝大臣兼ベルリン防衛総司令官ゲッベルスと総統官房を牛耳る官房長ボルマンが連携して、傷病兵、老人、ヒトラー・ユーゲント（青少年団）の少年たちによる国民突撃隊を編制したが、兵器も士気もなく、とても首都防衛部隊とは言い難いものだった。

国防軍宣伝部の宣伝媒体

第二次大戦中のドイツの雑誌界は実質的に一二誌に制限されていた。国防軍最高司令部宣伝部がスポンサーとして関与した最大の宣伝雑誌は、米国のライフに倣った隔週発行のカラー表紙を有する大判のグラビア宣伝誌「ズィグナール＝シグナル」である。

この「シグナル」誌は一九四〇年四月に創刊されたドイツの戦争宣伝のショーウィンドーともいえる雑誌だった。ドイツの国家社会主義の誇示宣伝をベースとして占領地国民の宣撫と自発的労働意欲の獲得、そして反ドイツ国家に対しては中立的影響を与えることを目的とした。ある意味の「新ヨーロッパ雑誌」を意図していたために、ゲッベルスの関与する「ダス・ライヒ（帝国）」のようなえげつない反ユダヤ主義キャンペーンは注意深く避けられて、欧州の若い人々を対象読者とした。

「シグナル」はベルリンのドイツ出版が発行する「ベルリナー・イルストリーァテ」隔週刊誌の別冊として発刊され、二五版、二〇ヵ国（三〇ヵ国説もある）もの言語で出版されたが、資金はすべて国防軍最高司令部から支出され、宣伝部長ウェーデル大佐の管轄下にあった。一九四三年のピーク時にはじつに二五〇万部という驚異的な発行部数を有していたが、ドイツとフランス地区では八〇万部であった。「シグナル」最後の号は一九四五年六月号のスウェーデン版だったが、ドイツ敗戦三ヵ月前の一九四五年二月においてもまだ七五万部を発行

Signal
Signal
The Tank Grenadiers
Signal
Signal

各「シグナル」誌。右上から下に、クレタ降下作戦をイメージした１９４０年６月号表紙。１９４１年１月号はUボート艦内で祝うクリスマス。１９４２年10月号で熱砂の北アフリカ戦場。１９４３年２月号。すでに旧式となったハインケルＨｅ１１１爆撃機の生産風景。１９４４年１月号で「アメリカの軍事戦略」特集。表紙は南北戦争の北軍グラント将軍。１９４４年６月号は英仏海峡の快速魚雷艇。１９４５年２月号でモチーフは欧州圏の連帯を示す〝欧州電話〟。

各「ヴェアマハト(国防軍)」誌。右上から下に、1939年の表紙は15センチ列車砲。1940年6月号で表紙テーマは〝フランス電撃戦〟。1941年2月号で鷲攻撃(大英航空戦)時のBf110駆逐機。1942年3月号で表紙は大西洋のUボート。

右上から下に「ヴェアマハト」誌の1943年1月号で豊富な物資を表現している。同誌の1944年3月号で堅固な防備を示す大西洋防壁。「ベルリナー・イルストリーァテ・ツアイトング(グラフ誌)」の1942年7月号の表紙。同じく1944年7月号の表紙で秘密兵器のV－1(報復兵器)飛行爆弾。

していたのは驚きである。

一九四一年までの総編集長はハラルド・ライヘンベルグで、一九四二年はハインツ・フォン・メデフィント、一九四三年から一九四五年まではヴィルヘルム・リーツらであったが、一九四三年以降の事実上の主幹はSS（親衛隊）大尉のギゼルヘル・ヴィルズィングであり、また、効果技術の責任者はフランツ・フーゴ・モスラングが務めた。

このほかに、文字どおり国防軍最高司令部宣伝部の手になる軍の宣伝誌「国防軍＝ダイ・ヴェアマハト」があり、国防軍に衣替えした一九三六年に発刊されたが、他の軍事宣伝誌同様に若年層を対象として一九四四年九月まで発刊されていた。

また、「シグナル」誌を発行したドイツ出版が発行する「ベルリナー・イルストリーァテ」隔週刊誌（BIZと称した）は歴史があり、ドイツ最初の画報誌として一八九二年の創刊だった。ナチ政権下で一九三四年に宣伝省の支配下となり、戦争開始年の一九三九年から宣伝省のプロパガンダ雑誌として「砂漠のキツネ」こと北アフリカ戦での英雄ロンメル元帥を生み出した。

陸軍Pk宣伝部隊（プロパガンダ・コンパニエン）

陸軍から始まったPk宣伝部隊は、一九四二年末の最盛期には陸海空親衛隊（SS）で二一個Pk宣伝中隊と九個宣伝大隊のほかに多くの報道小隊、報道分隊、および派遣隊があった。第二次大戦が開始された一九三九年晩秋のポーランド戦時には、七個陸軍Pk宣伝中隊（ケーニヒスベルグのPk501、ウィスバーデンのPk612、ウィーンのPk621、ブレスラウのPk637、ムンスターのPk666、ニュルンベルグのPk670、ベルリンのPk689）と四個空軍Pk宣伝中隊、二個海軍Pk宣伝中隊の計一三個Pk宣伝中隊が活動した。

このころの一個Pk宣伝中隊は平均的に三個小隊編成で各小隊に二〜三両の報道員用自動車と一〜二両のカメラマン用車両があった。この報道小隊は四個か五個報道班、二〜三個映画カメラマン班、一個放送班、一個写真カメラマン班からなっていた。また、技術小隊には対敵宣伝や宣撫用の宣伝ビラの制作配布と各種の宣伝用拡声器を備えた車両も配備された。このほかに支援小隊が管理、事務、食料、補給、輸送車両の整備と保守を行なったが、これらは書類上の編成に過ぎず、実態は人員も車両も装備もまちまちであったと元カメラマンたちが述べている。

陸軍Pk宣伝隊員のワルター・ヘニッシュ。

そのような陸軍の戦闘報道員の一人が一九一三年十一月にウィーンで生まれたワルター・ヘニッシュである。一九三二年以降、フリー・カメラマンだった彼はオーストリアがドイツに併合された後はヒトラー・ユーゲント（ヒトラー青少年団）のために活動し、一九三九年に動員されて陸軍第612Pk宣伝中隊に配属された。すぐに第693Pk宣伝中隊へ転属となりバルカン方面と東部戦線へ派遣されて、撮影した多くの写真が新聞や雑誌に掲載されて戦場を国民に知らしめた。戦後は連合軍のポートレート写真家として生計を立て、後にオーストリアの「アルバイター・ツァイトング」紙（労働新聞）の編集責任者を務めている。

一九四一年夏のロシア戦線では五個陸軍Pk宣伝中隊が活動しており、第四軍団は第689Pk宣伝中隊、第694装甲Pk宣伝中隊（装甲Pk宣伝中隊は装甲軍団や装甲師団に随行した）、第三装甲軍団は第697装甲Pk宣伝中隊、第九軍団は第612Pk宣伝中隊、第二装甲軍団は第693装甲Pk宣伝中隊が配属されて報道と宣伝任務についた。

また、宣伝戦のピーク時となる一九四二年のロシア戦線では陸軍の八個Pk宣伝中隊（第691装甲Pk宣伝中隊、第694Pk宣伝中隊、第697Pk宣伝中隊、第612Pk宣伝中隊、第637Pk宣伝中隊、第666Pk宣伝中隊、第689Pk宣伝中隊、第670Pk宣伝中隊）が展開し、武装親衛隊（SS）宣伝小隊も一緒に活動していた。（注、陸軍Pk宣伝部隊の活動は第四章参照）

空軍Pk宣伝部隊（Lw KBK）

ゲッベルスも宣伝省も派手な空軍の活動を国民への宣伝手段として最大限活用し、撃墜エース（エキスペルテン）など空軍が戦争宣伝と士気高揚で果たした役割は大きかった。

第二次大戦初期にドイツ空軍総司令部（ＯＫＬ）は国防軍最高司令部へ空軍Ｐｋ宣伝中隊（Ｌｗ ＫＢＫ＝ルフトバッフェ・クリークスベリヒター・コンパニエン＝空軍戦闘報道中隊だが本書では空軍Ｐｋ宣伝中隊と表示）を編成して既存の四個航空艦隊配備要請により、一九三九年七月に第二航空艦隊のもとで特殊要員と報道員が訓練されたのが空軍Ｐｋ宣伝部隊の始まりである。

空軍Ｐｋ宣伝部隊は総枠として陸軍Ｐｋ宣伝中隊に似ていたが、細部においてはかなり異なっていた。国防軍最高司令部宣伝Ⅵ課のクラウス大尉は報道員がスパイとして逮捕される危険を防止するために空軍対空砲部隊に所属させる配慮をしている。

標準的な空軍Ｐｋ宣伝中隊は一二〇名～一七〇名で三～四個小隊編成だが、実態はさまざまだった。例えば、ヴォルフラム・フォン・リヒトホーフェン大将の率いる第八航空軍団に所属した空軍第8Ｐｋ宣伝中隊の場合は要員一七〇名である。しかし、空軍第4Ｐｋ宣伝中隊の場合はこの三分の一の六〇名編成で、うち一八名が空軍野戦師団の歩兵が転用されていた。

指揮系統は陸軍と同様で中隊長、副官、小隊長三～四名と、報道、ニュース映画、写真、放送といった専門分野のグループを率いる特殊指導者たちが中核で、多くが予備士官と予備下士官であり平均年齢も四三歳と高かった。

〈右〉ハインケルHe111爆撃機でパイロットをアリフレックス・カメラで撮影中の空軍Pk宣伝部隊の映画カメラマン。〈左〉88ミリ対空砲と同角度にして超望遠レンズで来襲機を撮影する空軍Pk宣伝隊員。

報道小隊は三〇名前後で報道員、写真カメラマン、ニュース映画カメラマンと助手、音声技術者、新聞挿絵画家と絵画画家、運転手、無線手などのグループが所属し、技術小隊は野戦現像所の管理と記録保存を行なった。

輸送小隊は運転手と整備員四〇〜五〇名程度が所属した。平均的な自動車装備数は軽車両三〇両、無線車かトラック二両、フィルム現像車一両、輸送トラック三両、炊飯車一両、資材トラック三両とされたが、実際の車種構成は特殊な専用車以外は他種多様だった。中隊の自動車運転手は空軍通信軍団から派遣されたが、輸送用車両が不足して民間の乗用車も多く徴発されて戦場での機動性は不充分だった。

前線小隊は文字どおり戦場で前線新聞を発行配布するほか、敵軍への投降の呼びかけや住民宣撫などを行なった。戦争中期以降、前線で航空攻撃に対応する対空砲のほかに通信や歩兵グループは空軍野戦部隊の軍曹や伍長クラスの下士官が指揮した。また一九四一年以降はロシア戦線で捕獲したロシア製の短機関銃がPk隊員に装備されたが、そのほかは陸軍兵士の標準装備と同じである。これに加えて、会計、郵便、補給、兵器、機材を担当する管理分隊も付属した。一方で、Pk中隊であっても直接報道任務に関わらない三分の一の隊員はジャーナリズムに関する知識をほとんど有していなかった。

中隊創設時には多くのベテラン・ジャーナリストが関わった。例えば、一八八九年にカールスルーへ生まれのリヒャルト・ヴァルラデラウアー予備大尉は、「バディシェン・プレス」という地方紙の記者を経て第一次大戦までドイツのスポーツ記者として草分け的存在だった。一次大戦では一〇九歩兵連隊から二〇八飛行隊のパイロットに転じて最終的に報道支援任務についた。この経験を活かして一九三九年に五〇歳で予備空軍大尉（のち予備中佐）として空軍へ入り、空軍総司令部で空軍Pk宣伝部隊の創設と運用に大きく貢献した。とくに自らの経験に照らして軍用機に搭乗する報道員は報道、銃手、無線手、そして偵察員を兼用せねばならないとして、空中戦闘員訓練を実施したのは異色であった。

最初の空軍Pk宣伝中隊編成時に志願と動員された報道員を含む予備役一六四名に新軍事知識の注入が行なわれ、下士官は一ヵ月で士官は二ヵ月の訓練期間だったが、不適格者は排除された。のちの拡充期に四二二名が訓練を受けたが一二パーセントの五一名が病気や他の理由で軍務につかなかった。

空軍の場合、すべてが空軍Pk宣伝隊員とならずに一定数が他の空軍特殊部隊へ派遣されていたことは興味深いことである。また、現役部隊からPk宣伝部隊に選抜された兵士たちもいたが、彼らは過去に充分な軍事訓練を積んでいたので訓練期間中にベルリン観光の余裕すらあった。

一九四〇年以降には四個空軍Pk宣伝中隊と一個空軍宣伝小隊があった。これはベルリンの空軍第1Pk宣伝中隊（LwKBK1）、ブラウンシュヴァイクの空軍第2Pk宣伝中隊（LwKBK2）、ミュンヘン・フレイマンの空軍第3Pk宣伝中隊（LwKBK3）、ウィーンの空軍第4Pk宣伝中隊（LwKBK4）、およびケーニヒスベルグの空軍Pk宣伝小隊である。これらの空軍Pk部隊はヨータボルグとポッダムの宣伝補充大隊（PEA＝プロパガンダ・アインザッツ・アプタイルング）で訓練された。また、一九四〇年五月のフランス電撃戦前に陸海空三軍のPk宣伝部隊の拡充が決定されて既存の小規模なPkグループの統廃合が実施された。

空軍第1Pk宣伝中隊を率いたカール・クランツ少佐は一八九六年に東プロイセンのグンビンネン（ロシア・リトアニア国境付近のグセフ）の生まれで、第一次大戦時に一七歳で一一三歩兵連隊に入隊し、翌年に一級鉄十字章を受章した後に第一〇飛行大隊に転じた。その後は一時、反共産主義民兵組織の自由軍団に在籍したこともあったが、「ドイッチェン・ツァイトング」紙の記者となって一五年以上の記者経験があった。一九三九年に予備少佐としてベルリンの空軍第1Pk宣伝中隊長となり、同年九月のポーランド戦から宣伝戦を指揮した。クランツは初期戦においてあらゆる戦場で活動し、同時にジャーナリストとしての深い造詣を若い隊員に注いだ。

ゲッベルス（左）と語る空軍Pk宣伝部隊のカール・クランツ予備少佐。

また、クランツは同乗飛行経験が豊かであり、地中海のシシリー島、北アフリカのリビヤ砂漠、そしてロシア戦線と広範囲に活動している。ロシア戦線ではハインケルHe111爆撃機でゴルキー爆撃作戦同乗中に、対空砲火がエンジンに被弾して六〇〇キロ離れたオーレルへやっと帰還したこともあったほか、ブレストでは同乗機が撃墜されて負傷したりして波乱万丈であった。この後、一時、東方占領地ウクライナにおける士官記者となったが、ドイツへ呼びもどされてウェーバー将軍の第四戦闘航空団に配属された。戦争最後の年の一九四四年に五〇歳で予備中佐となりＰｋ隊員として多くの勲章を授与されたベテラン報道員だった。戦後は連合軍に拘禁されたが、二年後に釈放されて故郷の北ラインのウェーゼルの復興に尽力している。

この空軍第1Ｐｋ宣伝中隊（Ｌｗ ＫＢＫ1）は一九三九年九月二十八日にベルリンのベルナウで設立され、アルベルト・ケッセルリンク大将の第一航空艦隊に所属してポーランド戦に出動した。その後、一九四〇年四月に一部がノルウェー侵攻戦に加わるが、それ以降は一九四二年四月まで英国への「鷲攻撃（アドラー・アングリフと呼ばれ英国では大英航空戦）」の報道に従事した。

空軍第1Ｐｋ宣伝中隊は一九四二年四月末にベルリンからパリ経由でロシア戦線のスモレンスクへ移動し、リッター・フォン・グライム大将の東方空軍軍団とギュンター・コルテン少将のドン航空軍団の指揮下にあって、同年十月以降ロシア戦線のボロネジからスターリングラード（ヴォルゴグラード）までの航空作戦を報道した。一方で、スモレンスク（モスクワ西南西三五〇キロ）とルジェフ（ボルガ川上流）の戦いで空軍の対空部隊に所属して激しい戦闘に参加している。また、大戦後半の一九四三年六月からはバルト方面エストニアの首都リガの第一航空艦隊空軍宣伝大隊に所属して、クリミヤ半島のイェウパトーリヤで宣伝活動に従事したが、中隊から分割された宣伝小隊が同じくクリミヤ半島のシンフェロポリでも活動した。

ウィルヘルム・レナァ予備大尉は一九三九年八月に動員されて、空軍第1Pk宣伝中隊に少尉として配属された一人だった。レナァは一八九三年七月十日にハノーバーで生まれた。一九一四年八月に第一〇連隊フォン・シャルンホルストに入隊し、転戦後の一九一六年に航空部隊へ転属して少尉に昇進するが、負傷して大戦終了後の一九二一年まで治療が続いた。一九二五年から一九三三年まで新聞社の編集長だったが、その後、自由主義新聞の一つである「ベルリナー・ターゲブラッツ」紙の世界政治部の編集を担当した。しかし、この新聞は一九三九年に「アルゲマイネ・ツァイトング」紙へ吸収されたために同紙へ移籍している。

ヴィルヘルム・レナァ予備大尉で空軍第8Pk宣伝中隊長だった。

レナァは一九四二年七月に空軍第8Pk宣伝中隊長となりウクライナのニコラエフで活動したが、一九四三年三月に国防軍最高司令部へ転属となった。一九四五年春にベルリンでソビエト軍に逮捕されて、「芸術家クラブ」と呼ばれる特別な拘置所へ入れられたのちに消息を絶っている。

第3空軍Pk宣伝中隊長ワルター・ロイチェル予備大尉。

ワルター・ロイチェル予備大尉も第一次大戦時の士官で、空軍Ｐｋ部隊の創設から関わったベテラン・ジャーナリストの一人だった。一八九四年十二月六日にシュツットガルトで生まれ、一九一四年の一次大戦ではバイエルンの第二九野砲連隊の士官候補生として参加した。一九一五年七月に中尉としてロシアとポーランド戦に参加したのち、一九一六年にユーターボルグで訓練を受けてＡ二五〇飛行大隊のパイロットとして西方戦線フランダースで戦い、三五〇回の出撃と撃墜されること七回で生還したという波乱に富んだ記録を有していた。

ロイチェルは一九三三年からラジオ番組の制作をしていたが、空軍Ｐｋ宣伝部隊の幹部としては、まさにピッタリの経歴だったので、一九三九年九月に動員されて空軍Ｐｋ部隊の創設に加わった。すぐに空軍第３Ｐｋ宣伝中隊長として一九四〇年五月のフランス戦に参加し、一九四一年五月のバルカン戦、同年六月のロシア侵攻戦ではモスクワをめざす中央軍集団傘下で報道活動を行なった。

一九四一年七月四日に中央軍集団指揮下の第四装甲師団がヴィテブスクの戦場でソビエトのスターリン首相の長男ヤーコフ・スターリン中尉を捕虜とした。捕虜の管轄が宣伝省であったこともありロイチェルは報道目的でヤーコフにインタビューを行なったことがあったが、これが戦後になってから災厄をもたらすことになるのである。

一九四一年末にロイチェルは空軍第6Pk宣伝中隊長に移動してイタリアのケッセルリンク元帥の参謀部で戦時宣伝を担当したが、病気により本国のヨータボルグで療養中に戦争の終結を迎えた。

戦後に米軍に逮捕されるとソビエトのNKVD（秘密警察）へ引き渡されて、収容所で自殺あるいは射殺されたとされるスターリンの息子に最後に会った人物として東ベルリンでじつに九年間も拘留された。しかし一九五三年三月にスターリンが死去すると、一九五五年十月になってやっと釈放されたという特異な経歴の持ち主だった。

1941年7月にロシアのヴィテブスク戦場で捕虜となったスターリンの長男ヤーコフ(左から2人目)。

空軍第3Pk宣伝中隊（LwLBK3）

このロイチェル予備大尉が最初に指揮した空軍第3Pk宣伝中隊は、一九三九年八月末にアレキサンダー・レール空軍大将の第三航空艦隊とヨアヒム・ケラー空軍大将の指揮する第九航空軍団の傘下で編成された。

この中隊は一九四〇年五月～六月のフランス戦から続く空軍の英国攻撃航空作戦の報道に従事し、一部はPk派遣隊として一九四一年五月のバルカン作戦中のギリシャへも派遣された。一九四二年五月末に自動車化による機動力増強のためにベルギーのヘントからベルリンのライネッケンドルフへ移り、訓練後にポーゼン、ワルシャワ、チェコのラウベンカ、ポーランドのオストロフへと移動した。一九四二年初めに東部戦線に在ったが、のちに空軍第1Pk宣伝中隊と交代している。

一九四一年九月十二日に空軍第3Pk宣伝中隊は列車でレニングラード戦線へ移動し、九月二十七日に中央軍集団に配属されてヴィテブスク付近のスモレンスクへ列車で移動した。この時期の中隊本部はスモレンスクにあり、ロスラウリ、ヴィヤズマ、ヴィテブスク、オルシャの各空軍基地を活動範囲としていた。既述のスターリンの長男ヤーコフを捕虜にしたのは特筆すべき宣伝戦の成功の一つだった。

一九四二年末に空軍第3Pk宣伝中隊はスモレンスクからパリ近郊マルメゾンへ移動して

パリの第三航空艦隊の空軍戦闘報道大隊へ編入され報道任務についたが、報道員たちの偵察技術の欠如により同乗飛行が制限されて多くが対空砲要員任務などについた。

また、報道員のハラルト・ヴァクスムートはBf110双発駆逐機に同乗してモスクワ上空の偵察任務についたが、その迫真の記事は一読の価値があった。報道記者のゲオルグ・ブロッティング、写真家のアルベルト・ボーグナー、グンター・ニーメヤーらによる、ラップラント（スカンジナビア北部からコラ半島地域）からの報道も実施された。ほかにハインリッヒ・フレイタグはレニングラード市の写真を初めて超望遠レンズで撮影した人物として知られるカメラマンである。

空軍第6Pk宣伝中隊（Lw KBK6）

前出のロイチェル予備大尉が転属した空軍第6Pk宣伝中隊は、一九四一年六月二十二日のバルバロッサ作戦発起時に空軍部隊とともにロシア戦線を移動して白ロシア（ベラルーシ共和国）で宣伝報道に従事した。以降、ミンスク、スモレンスク、キエフ、ヴィヤズマ、ブリヤンスク方面で活動し、一九四一年冬季には要塞都市化されたモスクワを爆撃する空軍機に同乗して報道活動を行なうなどモスクワ攻防戦報道を積極的に実施した。

この中隊はモスクワ東方のスモレンスク方面へ送られて、同じ戦区の中央軍集団傘下の陸軍の三個Pk宣伝中隊（第651装甲Pk宣伝中隊、第697装甲Pk宣伝中隊、第612

〈上〉高翼機ヘンシェルHs126偵察機の後席で映画の撮影準備中の空軍Pkカメラマン。〈下〉特異な例だがFw190戦闘機の後部無線機搭載スペースに同乗する映画カメラマン。

宣伝中隊）とともに活動した。一九四三年七月にスモレンスクで中隊は解隊されて第六航空艦隊付属の空軍宣伝大隊へ配属されたのち、前線へ派遣しやすいように報道小隊に分割された。

独裁体制下のドイツ陸海空三軍の相互協力はヒトラーを頂点とする縦割り組織のために密接ではなかったが、Ｐｋ宣伝部隊は最高司令部宣伝部で統括されてかなり円滑に活動した。

空軍Ｐｋ宣伝中隊の写真と映画カメラマンの報道報告書は二種類あり、第一の報告書はドイツ空軍航空部隊の戦闘が報道され、第二の報告書は対空砲部隊や空軍通信隊のような地上部隊の活動が報告された。

また、空軍報道員は航空機乗員の一人として同乗撮影と記事取材を行なったが、乗機はハインケルHe111爆撃機、ドルニエDo17軽爆撃機、ユンカースJu88軽爆撃爆、ユンカースJu52輸送機、メッサーシュミットBf110駆逐機、ヘンシェルHs126偵察機、あるいはフィーゼラーFi156シュトルヒ連絡機などである。

メッサーシュミットBf109やフォッケウルフFw190は単座戦闘機であり同乗飛行はできなかったとされるが、Fw190の後部無線機をはずしてカメラマンが飛行撮影を実施したケースもあった。これらの飛行中に撮影された映像は宣伝上映を考慮して宣伝省で意図的に修正や改ざんが行なわれた。

空軍の宣伝誌

空軍総司令部が関与する空軍宣伝誌は隔週発行の「デァ・アドラー（鷲）」であるが、一九三九年三月の創刊で一九四四年まで一四六号を数えた。もう一種は「ルフトフロッテ3（第三航空艦隊）」という週刊誌である。この雑誌は占領国であるフランス、ベルギー、オランダなど西欧州の占領国に展開していた第三航空艦隊の若者向け宣伝誌で、一九三九年九月の創刊で一九四四年まで発刊されていた。

空軍の宣伝誌「アドラー」。右上から下に、1939年11月号で防空を担う88ミリ対空砲部隊。1940年11月号で英国爆撃に向かうドルニェDo17爆撃機。1941年8月号で撃墜エースのメルダースとBf109戦闘機。1942年4月号で熱砂の北アフリカ戦線の兵士とラクダ。

右上から下に、「アドラー」誌の1943年3月号で表紙は航空機増産と婦人労働者。同1944年8月号で英国攻撃の秘密兵器V－1飛行爆弾。「ルフトフロッテ・ヴェスト（西方航空艦隊）」の宣伝雑誌で1940年10月号。1943年3月号の同誌で航空機設計者タンク博士とFw190戦闘機。

海軍Pk宣伝部隊（MAR KBK＝海軍戦闘報道中隊）

第一次世界大戦時のプロイセン・ドイツの報道管理は軍事知識を有する海軍士官が担当したが、写真カメラマン、映画カメラマン、新聞記者たちの身分は民間人のままであった。というのも、海軍が乗艦経験のないことを理由に彼らに軍の階級を与えなかったからである。

第一次大戦が終了してワイマール共和国へ移行し、ヴェルサイユ条約で許可された海軍一万五〇〇〇名（陸軍一〇万名）の共和国海軍となったが、ヒトラーが政権を取った一九三三年当時には戦争を経験した現役の海軍報道関係士官はほとんど残っていなかった。

海軍Pk宣伝中隊（MARKBK＝マリーネ・クリークスベリヒター・コンパニエン＝直訳では海軍戦闘報道中隊だが、ここでは海軍Pk宣伝中隊と表示する）は一九三三年から一九三九年にかけて宣伝省と海軍省（のちの海軍総司令部＝OKM）間で設立協議が行なわれた。

やがて陸軍と同様な海軍Pk宣伝中隊の創設が求められ、国防軍から選抜した三個報道派遣隊をベースに第一から第五までの海軍Pk宣伝中隊が新設された。しかし、訓練の時間的余裕がなく、初期の「ドイツ週刊ニュース」の海軍版の映画撮影は例外的に民間人カメラマンを雇用して実施された。

海軍PK宣伝中隊はドイツの諸軍港、占領地のノルウェー、ドイツの支配下に入った西欧州とバルカン諸国の軍港へ展開した。海軍の場合は中隊を半分に分割して海軍Pk宣伝隊と呼んで各海軍方面司令部に配備され、のちに同盟国イタリア海軍司令部にも海軍第7Pk宣伝中隊が展開した。

一九四〇年から一九四一年末まで大西洋を戦場としてUボート群による船団攻撃で大きな戦果を挙げた、デーニッツ海軍大将が率いるUボート艦隊司令部（B・d・Uと略称）にもB・d・U海軍Pk宣伝小隊が配備され、Uボート（潜水艦）に乗艦して船舶攻撃などを報道した。西方戦域へは海軍第2Pk宣伝中隊が派遣されたのみだったが、ドイツ軍の初期電撃戦の勝利により余裕のある戦場報道が行なわれた。

1942年にU132の艦上で映画撮影を行なう海軍Pk宣伝隊員。

当初、海軍Pk宣伝中隊はキールとヴィルヘルムスハーフェンという代表的なドイツの軍港にそれぞれ一個海軍Pk宣伝中隊が置かれたが、海軍戦域の拡大によりいくつかの海軍司令部に分割配属された。北方海軍司令部では半個中隊がキール軍港へ、そして残りは北欧侵攻戦後にノルウェーのベルゲンとバルト方面のリガへ配備された。西方海軍司令部はフランスのブロニューへ半分と残りはブレストとボルドー軍港へ配備されたほかに海軍南東報道大隊と海軍北方報道大隊があった。

また、半個海軍Pk宣伝中隊がバルカン戦後のギリシャのアテネとルーマニアのコンスタンツァ、およびソビエト侵攻後のヤルタへ配備された。

ロシア南部の奥深い黒海地区に海軍第10Pk宣伝中隊と、短期間海軍第14Pk宣伝中隊が所属した。そしてロシア南部のカスピ海方面は海軍第11Pk宣伝中隊が担当したほかに、武装親衛隊（SS）の宣伝小隊もあった。

海軍は陸軍の戦車、空軍の戦闘機や急降下爆撃機といった派手な活動に比べれば水上艦艇の活動が地味であり、海軍Pk報道員の報道はゲッベルスにとっては不満の種となり、Uボート戦を除けば宣伝戦上の優先度は低かった。

海軍の宣伝誌

海軍の宣伝誌は一九三五年から一九四五年まで「ダイ・クリークスマリーネ＝海軍」であるが、ワイマール共和国海軍時代の「ドイッチェス・マリーネ＝ドイツ海洋」と「ドイッチエラント・ゼー＝ドイツの海」、および「マリーネ・ツァイトング＝海洋新聞」が合併された宣伝週刊誌で国内向けと外国向けの異なる版があった。また、国内でもドイツの若年層向けの「雑誌A」、海洋少年団向けの「雑誌M」（一九四四年）、「雑誌S」（一九四二年）と呼

海軍の宣伝雑誌「クリークスマリーネ(海軍)」。右上から下に、1939年5月号で表紙は装甲艦ドイッチュラント(のちにリュッツゥオ)。1940年12月号で表紙は快速Sボート。1942年1月号で日本海軍の英戦艦プリンス・オブ・ウェールズ撃沈。1943年11月号で表紙は潜望鏡をのぞくUボート艦長。

ばれた編集の一部を変更した版もあった。

SS（武装親衛隊）・Pk宣伝部隊（SS・クリークスベリヒター・コンパニエン＝SS戦闘報道中隊）

一九四〇年一月に陸軍Pk宣伝部隊と同様なSS・Pk宣伝中隊（クリークスベリヒター・コンパニエン＝SS・戦闘報道中隊）が編成されて、三軍と同様に国防軍最高司令部宣伝部に所属した。当初、SS・Pk宣伝中隊は陸空軍宣伝部隊と同じく三〜四個宣伝小隊編成で、報道記者、写真カメラマン、映画カメラマン、放送記者が所属する報道小隊と支援隊で構成され、四個SS軍団に各一個SS・Pk宣伝小隊が配備されて主に武装親衛隊の活動宣伝を行なった。

SS長官ヒムラーとSS（親衛隊）のための機関紙だった「ダス・シュワルツェ・コーァ＝黒い軍団」は、一九三五年三月からマックス・アマンの主導で出版が開始された週刊新聞である。同年の発行部数は二〇万部だが一九四四年には七五万部を発行して最後の発刊は一九四五年四月十二日付けだった。管轄は親衛隊SD（保安課報局）で主幹はグンター・ダルキン（のちSS中佐）であるが、この人物が最初から最後までSS・Pk宣伝部隊指揮官であった。

ダルキンは一九一〇年十月二十四日にエッセンで生まれたジャーナリストで一九二五年に

Das Schwarze Korps

Strategie im weiten Raum

〈上右〉SS(親衛隊)機関紙「ダス・シュワルツェ・コーァ(黒い軍団)」で1943年10月刊。〈上左〉「黒い軍団」誌の主幹でSS・Pk宣伝部隊の指揮官だったグンター・ダルキンSS中佐。〈下〉「ダス・シュワルツェ・コーァ」をロシアの戦場で読む武装親衛隊(SS)の兵士たち。

ヒトラー青少年団に入り一九二七年に突撃隊（SA）に参加、一九二八年にナチ党員となり一九三一年にSS（親衛隊）へ加わり一九三九年にSSの公式歴史を刊行している。一方でブレーメンの国家社会主義新聞でジャーナリストとしての経験を積み、ナチ党機関紙の「フエルキッシャー・ベオバハター」紙の編集者だった一九三五年初期に、親衛隊長官のヒムラーによりSS機関紙「黒い軍団」の主幹に指名された。

ダルキンの編集する「黒い軍団」は攻撃的で知的な罵りと横柄さが特徴であり、反ユダヤで知られるゲッベルスが発行する「デル・シュトルマー」紙より、ダルキンの急進的な反ユダヤ主義の方がはるかに危険だったほどである。ダルキンはSS・Pk宣伝部隊を指揮するとロシア戦線でソビエト軍に対する心理戦に従事し、SS長官ヒムラーに赤軍捕虜を用いる義勇軍の創設を提言するなど一定の影響力があった。

SS・Pk宣伝部隊は一九四〇年五月のフランス戦を皮切りに一九四一年のバルカン戦に従事したが、一九四一年夏のロシア侵攻戦以降の武装親衛隊の拡大とともに宣伝中隊も拡充されてSS・Pk宣伝大隊（SS・クリークスベリヒター・アプタイルンク＝SS戦闘報道大隊）となり、三個SS・Pk宣伝中隊編成で活動を活発化させた。一九四三年後半からSS・Pk宣伝大隊クルト・エッガース（SS・シュタンダルテ・クルト・エッガース）と呼ばれて、SS部隊の展開する戦場と占領地で活動した。

国防軍と異なりSS・Pk宣伝大隊には志願による外国人隊員がいたのが特徴だった。例えば、英国人のレールトン・フリーマン（のちに英国で一〇年の禁固刑）、ニュージーランド人のデニス・ジョン・レイスター、フランシス・ポール・メートン、ロイ・ニコリアス・カーランダーらである。

ＳＳＰｋ宣伝大隊の名誉称号として名を残されたクルト・エッガースは、前出のＳＳ（親衛隊）機関紙「黒い軍団」の編集幹部であり、ＳＳ・Ｐｋ宣伝部隊の指導者の一人でもあった。一九〇五年のベルリン生まれで第一次大戦時は士官候補生訓練隊に入り艦船訓練を受けるが、戦争の終了で一九二一年に反共民兵組織の

〈上〉35ミリ・アリフレックス・カメラで撮影中のSS（武装親衛隊）のクルト・エッガース（右）。〈下〉クルト・エッガース（前列右から2人目）。戦死後、SS・Pk宣伝部隊の名誉称号となった。

自由軍団で対ポーランド民族主義者との闘争を経験し、一九二四年からは神学を学んで牧師となった。やがてナチ党員となり、党と密接な関係を築き、作家、詩人、ラジオドラマ脚本家、劇作家として多方面で精力的に活動して著名なジャーナリストとしての地位を獲得した。

第二次大戦が開始された一九三九年九月のポーランド戦では、エッガースはSS・Pk宣伝部隊に所属して親衛隊の宣伝を精力的に行なった。その後、一九四二年に志願義勇兵で構成されるSS擲弾兵師団（のちにSS装甲師団）ヴィーキング（海賊）に同行して、一九四三年までカフカス（コカーサス）方面の戦場で報道活動に従事した。

エッガースは一九四三年夏の独ソの決戦クルスク会戦の報道に加わり、八月十二日に西ロシアのウクライナ国境付近のベルゴロドでソビエト軍への反撃作戦中に戦死したが年齢は三八歳だった。このエッガースは親衛隊で英雄視されて、ベルリンのクロール・オペラハウスで多分に宣伝的な追悼式が盛大に行なわれた。あわせて一九四三年十一月から名誉称号としてSS・Pk宣伝大隊クルト・エッガースと称されるようになったのである。

もう一人、SS第五装甲師団ウィーキングに随伴して活動したのはエルンスト・バウマンである。ドイツ軍がロシア侵攻戦を開始した一九四一年六月にSS・Pk宣伝中隊のSS戦闘報道員となったバウマンは、第一次大戦時の一九一四年五月にバイエルン・アルプスで生まれ、第二次大戦前にプロの山岳写真家、プロスキーヤー、映画のスチール写真家として成功を収めていた。加えてベルリンの著名な雑誌「イルストリーァテ・ツアイトング」の写真ジャーナリストとして自動車産業の写真レポートなどで幅ひろく活躍していた。

一九四一年六月末にドイツ軍がロシアへの侵攻戦を開始したときにＳＳ・Ｐｋ宣伝隊員となり、第三ＳＳ師団トーテンコプフ（どくろ＝のちに装甲師団となる）に配属されて多くの写真を撮影した。その後、一九四一年末にベルヒテスガーデンのヒトラーの山荘ベルグホフのＳＳ警備部隊付きとなり警備隊の日常撮影を行なっていたが、ヒトラーの愛人として知られるエーファー・ブラウンの個人的カメラマンとしても一年間活動した。

〈上〉エルンスト・バウマン。第5ＳＳ装甲師団ヴィーキングとともに戦場を転戦した。〈下〉バウマンの撮影した写真でＳＳヴィーキング師団の5号パンター戦車と将兵。1944年10月のポーランド。

　しかし、こうしたプライベート写真の漏洩

を恐れたヒトラーの側近マルチン・ボルマンにより、一九四二年十月に東部戦線カフカス（コーカサス）のマルゴベクエクで戦う第五SS装甲擲弾兵師団ヴィーキング（海賊）へ戦闘員として送られた。そこでバウマンはプロ・カメラマンとしての誇りからライカ・カメラを携行してSS部隊の行動を記録し続け、やがて管理部隊に配属されて正式な撮影記録員となった。一九四四年三月から四月のウクライナのコーヴェリの防衛戦では、生命の危険に晒さらされながらヴィーキング師団のゲルマニア擲弾兵大隊と行動をともにした。

その後、師団のウクライナ、バルト、ポーランド方面への撤退戦時に撮影された写真を今日多く見ることができる。バウマンは大戦末期の一九四四年八月にチロルのSS山岳訓練部隊へ移されて、そこで敗戦を迎えた。連合軍の抑留を終えて一九四六年十一月に帰国すると、彼は再びプロ・カメラマンとしてカムバックを果たしている。

積極的宣伝（心理戦）

Ｐｋ宣伝部隊の役割は単に報道だけではなく、敵軍に投降を呼びかけるほかに、欺瞞、牽制などの対敵宣伝手段も実施された。第一次大戦時にドイツ軍も連合軍も用いた宣伝ビラを航空機から敵軍に散布するのは効果的だったが、一九三八年のズデーテンラント占領時には宣伝ビラ散布は実施されず、同年のスペイン内乱時に反乱フランコ軍を支援したドイツ軍の隠れ蓑だったコンドル義勇軍において数回試みられた。しかし、高空を飛行する航空機のエンジン音が心理的不快さをともなったので、低速低空でエンジン音を抑える散布方法にしたが、散布機の損害と要員の負傷率が高くなるという問題点があった。

拡声器による呼びかけもスペイン内乱時にコンドル義勇軍が塹壕上に設置した拡声器から、スペイン政府軍に投降を呼びかけて成功した例がある。このときの経験では前線で相対する敵との距離が三〇～五〇メートルで、戦線が静かなときに効果があった。また大型拡声器による音声到達性能は五～一〇キロの範囲でも充分に聴くことができた。

このほかに特殊な砲弾に宣伝ビラを充填して火砲や迫撃砲で発射して広範囲に散布する手段も開発され、同じくスペイン内乱時の経験では前線後方の部隊への散布が効果的だったことが立証された。一方、気球から投下される宣伝ビラは風雨などの天候に左右されるので効果が低く、それ以外のラジオ放送は宣伝ビラほどの即効性はなかった。

もう一種の積極的宣伝の手段として、占領地で行なう効果的な宣伝映画の上映（映画館や巡回上映）

1941年夏のロシア戦線で拡声器を用いて投降を呼びかけるPk宣伝隊員。

宣伝映画の戦地上映。オペル・ブリッツ・トラック改造の重映写車両とスクリーン。

があり、積載する上映装置によって軽映写車や重映写車などと称された。軽映写車は軍でＰＫＷと呼ばれる野戦乗用車に映写機一台と拡声器とスクリーンが装備され、重映写車はＬＫＷと称する軽トラックを用いて映写機二台と拡声器およびスクリーン、そしてラジオが装備されていた。

しかし、車両の装備が改善されて機動力が増し、一方で戦線の拡大によりＰｋ宣伝部隊は報道グループ単位の細分化が進み、報告書、撮影フィルム、指令などの授受方法も複雑になっていった。初期のＰｋ宣伝部隊の映画カメラマンは後方の制作チームのスタジオへもどってニュース映画編集に協力したが、戦線が広がると野戦現像所が開発されてこのような共同作業はほとんど見られなくなった。

戦線の広域化はＰｋ宣伝隊員の管理上の変化をともなうことになったが、派遣戦線の環境や状況により大きく異なっていた。あるＰｋ宣伝中隊では撮影日付の明示を求め、他のＰｋ宣伝中隊では報告書の配布範囲の制限を指示したりした。また、カメラマンたちは最良の写真を選択するために密着焼きアルバムを作成することもしばしばあった。

映画、写真フィルム、カメラなどの機材が戦場の高温、厳寒、高湿度などの悪環境によりダメージを受けることもあり、また、天候、戦況、輸送機関などの理由で報告書を喪失、遅延することも多々あった。Ｐｋ宣伝部隊は報告書を輸送するために派遣先戦区の臨時飛行基地の情報なども随時得なければならず、また、前線では時として訓練外の航空機や装甲戦闘車両に同乗することもあった。

特異な装備として、報告書とフィルムを運ぶ急使（クーリエ）のためのフィルム・リールの手提げ格納ケース、サイドカーに装着可能でかつ背中に背負って運べるケース、あるいはラジオ用の録音機材なども開発されて大戦中期には大きく装備が改善されていた。

ニュース映画とスチール写真は二つのカテゴリーに分類することができる。「ドイツ週刊ニュース」はドキュメンタリー（記録）だが、教育フィルムの役割も果たした。また、スチール写真も多種媒体の記事中で例証するために用いられたが、真の状況や時期あるいは前後の関係は無視されることが多かった。

とくに映画カメラマンは政治的理由を有する記録映画の計画に沿って撮影が行なわれ、さらに入念な検閲によって宣伝目的を達成するために最良となるように編集された。戦争中期の一九四二年以降からは宣伝省は前線で撮影された写真を決定的宣伝ツールとして扱うことが少なくなり、カメラマンたちに明確な目的を有する撮影指示はなされなかった。

もっとも多く供給された35ミリ・アリフレックス映画カメラ。

第二次大戦中にプロパガンダ目的で撮影された映画フィルム、写真、記事、絵画などは、ドイツの媒体で使用されたほかに前線新聞でも利用された。例えば、一九四三年一月に東部戦線で戦闘を続ける中央軍集団に供給された宣伝新聞は五〇万部を数えたが、これは現代の最盛期の出版レベルと同等だといわれるほどである。これらのドイツ将兵や同盟国あるいは月刊方式で、Ｐｋ宣伝部隊の記事や撮影写真を用いて前線で士気高揚のために配布された。ルーマニア軍向けの多くの新聞、雑誌類は週刊、隔週、

Ｐｋカメラマンは大まかではあるが戦争全期間で一五〇〇名から二〇〇〇名が動員されたとされるが、ドイツ宣伝戦のために働いたカメラマンの中に国策会社のＵＦＡ映画社（ウーファー映画社はウニヴェァズム・フィルム・アクテン・ゲゼルシャフトの略）から短期間派遣されたプロ編集者やカメラマンも含まれて、初期の戦場でＰｋ宣伝部隊とともに活動した。許可のない民間のカメラマンは前線へ入ることは禁じられていたので、これは特殊なケース

であった。

撮影された映画フィルムは五〇〇〇時間相当で、スチール写真は三五〇万枚と推定される。映画撮影カメラは九〇パーセントが三五ミリ版アリフレックスで、フィルム・リールは六〇メートル（二分二〇秒）と一二〇メートル（四分四〇秒）、そして一五〇メートル（五分三〇秒）のものが用いられた。

撮影フィルムとプリントを調べるPk宣伝隊員だが、公表されるまで厳しい検閲があった。

大きな権限を有した宣伝大臣ゲッベルスの指示で映画フィルムと写真現像車が開発され、Pk宣伝部隊の装備として広大な東部戦線（ロシア）の宣伝戦に投入されたが、すべての部隊には行き渡らなかった。余談であるが、現在、こうした各種の装備がポツダムのフィルム博物館で見ることができる。

写真と映画フィルムはそれぞれに異なった化学処理が行なわれたが、白黒フィルムの一部とプリントを含む写真は野戦現像所で処理された後に専門の士官が検閲した。また、繊細な技術を要するトーキー（音声）映画など前線で処理できない映画フィルム

〈上〉「ドイツ週刊ニュース」のタイトル画面。〈下〉「ドイツ週間ニュース」を35ミリ・アリフレックス映画カメラで撮影中のカメラマン。

〈上〉「ドイツ週間ニュース」の一画面で戦場を走るクライスト装甲集団の4輪軽装甲車。〈下〉リールの左は音楽で右は言語を混合する35ミリ・トーキー映画編集装置。

は、宣伝省が管轄するベルリン郊外のヨハニスタールの施設へ送られた。

一方、検閲後のプリント写真は場所、時期などが特定されないように注意深い説明が裏面に付されてドイツの媒体と外国通信機関や記者へ配布された。配布写真のコピー・セットも作成されて宣伝省の報道関係課で保管されたほか、ある目的のために必要とされる写真ネガはスライド化されたが、この場合、フィルム企業のアグファ社で行なわれた。

多くの写真はゲッベルスの宣伝政策である「戦争を銃後に持ち込む」ことで国民に緊迫感と結束を維持させる意図で活用されたため、Ｐｋカメラマン撮影の一枚の写真が状況に合わせた数種の異なるキャプションが付されたのを今日見ることができる。他方、撮影したカメラマンは指定様式の報告書にもとづき、場所、題材、撮影状況を報告した。

映画フィルムの多くは特定の意図のもとで編集された「ドイツ週刊ニュース」となり、ドイツ本国、占領地、外国で上映された。これらの映像類はベルリンへ送られて検閲上一括管理されたが、ＵＦＡ映画社（ウーファー）の専門家が宣伝目的に応じて、どのカットを使用するかを選択した。一方、Ｐｋ宣伝部隊の撮影した写真が時事問題を論ずる雑誌などで使用されることは少なかった。

記録映画の音声効果は編集チームの手で加えられるが、戦場で本物の砲撃音などを直接レコーディングすることは極めてまれで、多くはベルリンのスタジオで宣伝目的に沿った効果音が録音された。しかし、いくつかのニュース映画では不注意にも同音声が用いられたために不調和や効果が半減したものもあった。例えば、口径の異なる大砲が同じ砲撃音を出すとか、戦闘機や爆撃機、あるいはすべての車両のエンジン音が同一といったケースが挙げられる。

もっとも顕著な例としてドイツの軍用機が地上攻撃をするシーンではユンカースＪｕ87シュツーカ急降下爆撃機の音源がしばしば使用された。これはシュツーカの主脚の根本に取り付けた風力プロペラーで駆動するサイレンが、急降下時に威嚇的な音を発してポーランドとフランス戦で一般市民に心理的な脅威を与えたからである。

Ju87シュツーカ急降下爆撃機の主翼に取り付けた特殊な35ミリ・アリフレックス映画カメラ。

戦争初期にはゲッベルス自身が解説、背景音楽、音響効果に関与したが、これは、「ドイツ週刊ニュース」が視覚に訴える重要な宣伝ツールであったからにほかならない。「ドイツ週刊ニュース」は先にヒトラーに見せられて勝利が続く間は意見を述べたが、戦況が悪化すると鑑賞しなくなった。

毎週三〇時間分に相当するニュ

ース映画がベルリンへ届けられたが、「ドイツ週刊ニュース」で用いられるのはたった三六分の上映分であり、残りの二九時間分の未使用のニュース・フィルムは宣伝省傘下のフィルム保存所で保管された。

これらのフィルムのうち一九四二年七月にPk宣伝部隊が撮影した約九〇〇本のフィルム・リールが、新たな宣伝計画のためにUFA《ウーファー》映画社の手でオリジナルから約五〇パーセントが複写されたこともあった。このほかにPk宣伝部隊が撮影した同構図のスチール写真が、いくつもの宣伝テーマで重複して用いられた。

しかし、陸海空軍と武装親衛隊の騎士十字章受章者や宣伝上の必要性から生まれたヒーロー、国防軍の著名人、ナチ党の高官など明確な場合は名前を付す必要があった。このような場合は名前、部隊、授章記録などがカメラマンの手で説明がつけられた。

カラー・フィルム

カラー・フィルムは一九三五年代にカメラ界で個人的にすでに使用されていたが、フィルムメーカーのアグファー・フィルムとコダック・フィルムは色調がまったく異なっていた。このために、ドイツと英米が使用したカラー・フィルム映像は色調によって識別することができた。

つい最近までのドキュメンタリー映画はカラー・フィルムが使用されたが、現在はデジタル・カラーである。一九四二年当時のＵＦＡ《ウーファー》映画会社はカラー・フィルムを使用しはじめていたが、後の一九四四年になってから「人間的関心」をベースにした「パノラマ・ニュース映画シリーズ」というカラー版を制作して上映したが、たった四巻が完成したに過ぎなかった。

　こうしたカラー・フィルムはヒトラー付きカメラマンを務めたワルター・フレンツ、あるいはホルスト・グリュンドといった少数の写真専門家だけが取り扱えるだけだった。また長年のヒトラーのお抱え写真家だったハインリッヒ・ホフマンも多くのカラー写真を残している。実際にカラー・フィルムは白黒フィルムに比べればはるかに高価であり需要も少なく、難しい処理技術の問題があって大量生産には至らなかった。

　映画館で上映された「ドイツ週刊ニュース」は一九四〇年のＤＷ第五一一号からドイツ敗戦二ヵ月前の一九四五年三月二十二日のＤＷ第七五五号まで続いたが、カラー版は制作されなかったものの、少数のカメラマンは政治とヒトラー・ドイツ時代の数年をカラー・フィルムで撮影し、宣伝に使用する場合はカラー映像を白黒フィルムに転換していた。

　ワルター・フレンツは一九四二年七月、東部戦線の南ロシア戦域のセバストポリ要塞攻撃時に出動した口径八〇センチという巨大列車砲ドーラの発射シーンをカラーで撮影したが、これは「ドイツ週刊ニュース」ＤＷ六一七号で白黒映像化され、ゲッベルスがフランツ・リストの楽曲を導入部に入れて火を噴く巨砲映像と重ねて効果的な仕上がりにした。また、彼

ワルター・フレンツ撮影(以下の4枚はカラー写真)。〈上〉秘密兵器V－1の発射基地。〈下〉ハツル山地ノルドハウゼンのミッテルヴェルケ地下工場のV－2ロケットの組み立て。

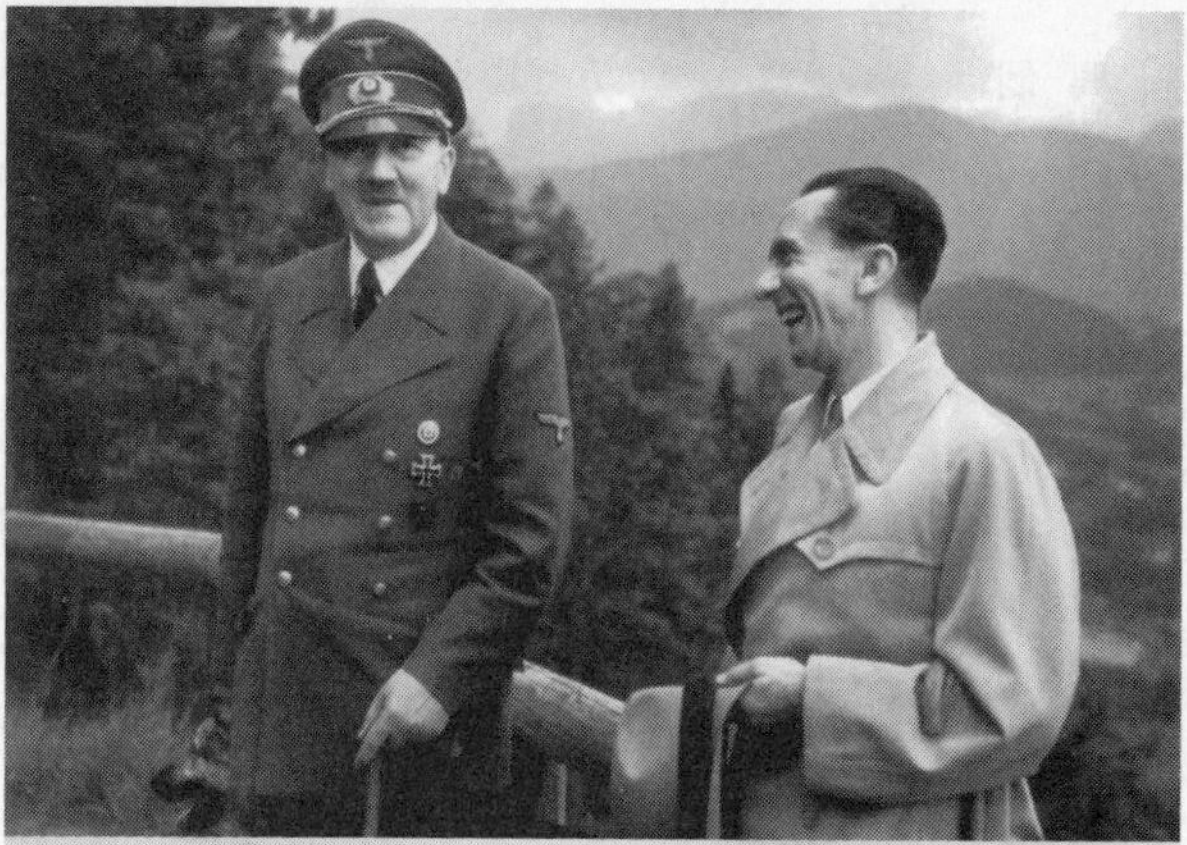

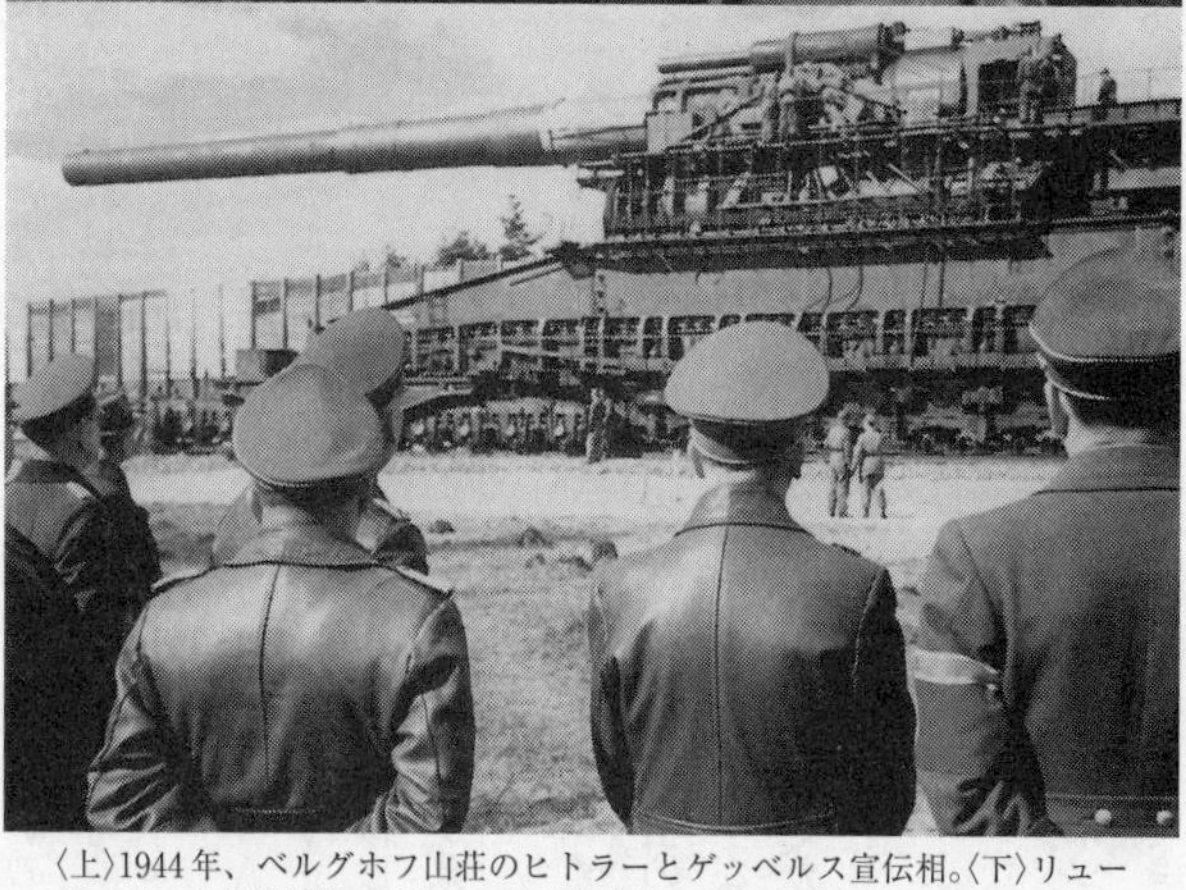

〈上〉1944年、ベルグホフ山荘のヒトラーとゲッベルス宣伝相。〈下〉リューゲンヴァルド実験場の80センチ列車砲ドーラと右からシュペァ、ヒトラー、ボルマン、その前はカイテル元帥。

はヒトラー付きカメラマンに転じた後にベルヒテスガーデンの山荘を訪れる同盟国の高官や首脳の写真を多く撮影したことで知られるが、それ以外に撮影した荒廃ドイツの写真を残していることは知られざる事実である。

このほかに、フレンツは大戦末期にメッサーシュミットＭｅ262ジェット戦闘機、Ｖ－１無人飛行爆弾、ハルツ山地の鉱山トンネル内のミッテルヴェルケ地下工場におけるＶ－２ロケット、あるいはポーランドのブリズナにおけるＶ－２の発射実験などをカラー撮影している。これらのカラー写真の中に当時の駐独日本大使だった大島浩中将のポートレートが見られるのは興味深いものがある。

カラー版のニュース映画を劇場に登場させなかった主な理由は、週一回の「ドイツ週刊ニュース」を大量にカラー・コピー版化することが難しかったという、資源と技術上の理由があったからである。なにしろドイツと占領下の欧州の国々の劇場で上映するには少なくとも五〇〇巻以上のカラー・コピー版が毎週必要だという現実的な問題があり、加えてカラー・フィルムの一般的な処理技術が未確立という理由によるものである。

個人的な撮影映像

興味深いことに前線の将兵が個人的に撮影したフィルムの現像とプリントはドイツや占領諸国において許されていたという背景があり、故国でフィルムを受け取ることができた家族はそっと保管していた。ほかに特別許可を得た民間の写真家、前線の軍属、処理を委託された写真現像所なども戦争中の写真を保有していた。

これらの写真は質の良否にかかわらず、今日、兵士たちの飾らぬ日常を見せてくれるが、

心理戦に従事するPk宣伝中隊拡声器小隊所属の兵士たちのプライベート写真。

宣伝機関が撮影した政治的あるいは戦意高揚的意図を有する写真と比較すると大きく異なっていることに気づくのである。前線の兵士たちの日々の出来事は、特別なものを除けば宣伝省とその指令下にある媒体には不要なものであり、「ドイツ週刊ニュース」や宣伝雑誌では見られなかった。

もう一つ、連合軍のドイツ諸都市爆撃に関する題材は民間人に対する残虐な手段（ドイツ空軍も同様だった）を示すことで、国民を一致団結させて戦争を遂行するというゲッベルスの宣伝的意図においてのみ用いられた。

一方、Pk宣伝部隊の写真カメラマンも同様に任務用のカメラのほかに補助カメラを携行したし、あるいは映画カメラマンも八ミリか一六ミリ・カメラ

で個人的な撮影を行なっていた。例えば、第693Pk装甲宣伝中隊のカメラマンだった若きヒルト・レーガーの場合、三五ミリ版アリフレックス映画カメラで宣伝指令にしたがって撮影したが、一方で補助の一六ミリ・カメラで個人的な撮影を行なっている。

第4章　戦場のPk宣伝部隊

ポーランド戦とPk宣伝部隊

一九三九年九月一日のドイツによるポーランド侵攻戦を契機として第二次世界大戦が勃発した。その前日の八月三十一日に親衛隊の保安諜報局（SD）を率いるラインハルト・ハイドリッヒはヒトラーと図って、ドイツ・ポーランド国境にある小村グラヴィッツにあるドイツの小さな放送局を、強制収容所から選んだ一二人ばかりの男にポーランド軍兵士の服装をさせて襲撃させた。それはハイドリッヒの部下のナウヨスクという人物が実行責任者だったが、「缶詰」と呼ばれるポーランド侵攻の口実造りの秘密謀略作戦だった。

翌日、ヒトラーは待機していた国防軍の大軍にポーランド侵攻を命じ、議会においてはポーランド軍のドイツ領土侵略に対するドイツの回答であると演説し、宣伝省はただちに各国の報道記者をグラヴィッツへ送って偽ポーランド兵たちの死体を見せた。

〈上〉1939年9月1日、ドイツ軍のポーランド侵攻で第2次大戦が勃発した。ワルシャワへ入る4号B型戦車と駆り出された住民。〈下〉ポーランドで宣撫任務につく陸軍Pk宣伝部隊の拡声器車両。

それに先立つ八月初旬、Ｐｋ宣伝部隊からの分遣隊が陸空海軍部隊へ送られて戦場報道の準備が開始された。同時に宣伝省が国防軍最高司令部に協力して予備役の招集と新設Ｐｋ宣伝中隊の編成が実施されるとともに、宣伝省から報道任務に関する具体的な指針が決定された。また、両者による必要な報道機材が選定され、シーメンス社、カメラ生産のマキナ社、カメラ・シネフォンといった企業との物品購入契約が結ばれて支払いは国防軍最高司令部が行なった。

のちに占領地フランスのカメラ会社デブリエ社へも納入が命ぜられたほかに、映画カメラで有名な米国のミッチェル社へも映画撮影機材が発注された。しかし、もっとも多く供給されたのは超望遠レンズで知られるシネ・カメラ・メーカーのアスカニアＺと、一九一七年にミュンヘンで創立という老舗だったアリフレックス製シネ・カメラであったが、数量は戦争中充分に供給されなかった。

例えば、ドイツ空軍第三航空艦隊所属の空軍Ｐｋ宣伝中隊のカメラマンたちは動員に際して自分の機材を携行していったという事実がある。実際にアルベルト・クィンクというカメラマンはフランスのデブリエ・カメラを携行したし、報道員のヴォルフガング・グロスマンは自分のアスカニアＺとアリフレックス・カメラを携行して軍から費用が支払われた。軍の補償の一例として、個人所有のカメラに対して、陸軍総司令部から一日当たり三・五ライヒスマルクが支払われたという一九三九年九月四日付けの記録が残っている。

東方戦域（一九四一年六月まではポーランドとバルト方面を示し、ロシア侵攻バルバロッサ作戦以降はロシア戦線を意味した）の陸軍宣伝部隊の配備は南方軍集団へ二個Ｐｋ宣伝中隊（Ｐｋ637、Ｐｋ670）が配備され、北方軍集団へも二個Ｐｋ宣伝中隊（Ｐｋ501、Ｐｋ689）が派遣された。この第501Ｐｋ宣伝中隊は一九三九年八月十六日から東プロイセンのケーニヒスベルグ（現、カリーニングラード）で訓練が行なわれたが、機材、輸送、撮影手段といったシステムはまだ確立されず、部隊の実戦化は簡単ではなかった。

空軍の第一と第四航空艦隊に二個空軍Ｐｋ宣伝中隊（ＬｗＫＢＫ1、ＬｗＫＢＫ4）と、空軍オスト（東）プロイセン本部にオスト・プロイセンＰｋ宣伝小隊が配備された。なお、西方戦線（ドイツを含む西欧州方面）は二個陸軍Ｐｋ宣伝中隊（Ｐｋ737、Ｐｋ670）が配備され、第612Ｐｋ宣伝中隊は第七軍に、そして、第666Ｐｋ宣伝中隊は西欧州のルクセンブルグ国境に在った。また、空軍の第二と第三航空艦隊に各一個Ｐｋ宣伝中隊（ＬｗＫＢＫ2、ＬｗＫＢＫ3）が配備された。海軍は東方海軍司令部に海軍第1Ｐｋ宣伝中隊（ＭＡＲ ＫＢＫ1）と北海海軍司令部に海軍第2Ｐｋ宣伝中隊（ＭＡＲ ＫＢＫ2）が配備されて心理戦と報道宣伝任務が与えられた。

ポーランドと相互援助条約を結ぶ英仏両国は一九三九年九月三日にドイツへ宣戦布告をなして第二次大戦が開始されたが、このときに四個陸軍Ｐｋ宣伝中隊と二個空軍宣伝中隊、および空軍宣伝小隊東プロイセンが戦場へ動員され、海軍は二個Ｐｋ宣伝中隊（ＭＡＲ ＫＢ

Ｋ１、ＭＡＲ ＫＢＫ２）が派遣された。

ポーランド戦では北方軍集団に所属したシンプケ中尉の率いる第６８９Ｐｋ宣伝中隊の活動が注目に値した。ポーランド戦最初の戦闘だったダンチヒ回廊（ポーランド領でバルト海に面した狭い地区）戦区にあるヴェステルプラッテ要塞の攻略からワルシャワの占領までの報道に従事し、とくに迅速性の高いラジオ放送記者は連日戦況を詳しく報道した。ワルシャワが占領されると、すぐに積極的宣伝（対敵宣伝）の一環として拡声器小隊と宣伝ビラ分隊がポーランド国民に対して心理戦を開始した。

ポーランドのダンチヒ港内の戦艦シュレスビッヒ・ホルシュタインを撮影中のPk映画カメラマン。

リヒァルト・レーマン予備大尉が指揮した第６３７Ｐｋ宣伝中隊は、一九三九年八月十九日にブレスラウ＝ローゼンタールで編成されて、八月二十五日にオッペルンに基地を置く第八軍へ配備された。

当初、ポーランド侵攻日は同年八月二十六日だったが、ヒトラーの政治的な理由で九月一日に変更されたために中隊はオッペルン南とブレスラウ北方で待機していた。侵攻開始後三日間の電撃作戦中はポーランド国内の狭い田舎の道路を大軍が移動するために車両群で渋滞していた。そのような中でPk宣伝中隊は小グループに分割されて戦域移動を八回も行ない、移動距離は一一〇〇キロにおよび、中隊車両の走行距離は六〇〇〇キロに達した。

第一〇軍司令官のワルター・フォン・ライヘナウ砲兵大将は指揮下部隊に国防軍最高司令部所属のPk宣伝部隊に協力するように命じたが、双方の連携は円滑でなく、さらに撮影フィルムや報告書をベルリンへ運ぶ空軍機との連携もうまくゆかず、前線の報道員たちが利用できる交通機関は鉄道だけだった。加えて、劣悪な道路事情により車両故障が頻発して回収車両による牽引が必要となり、補給もまた不充分で報道員は機動的な活動ができなかった。

宣伝省と国防軍最高司令部は陸軍Pk宣伝中隊に小型と大型オペルトラック改造の宣伝映画野外上映車と、二種類の拡声器放送車、および宣伝ビラ制作車を準備しておおむね良く活動した。しかし、Uーワーゲンと称するトラック改造無線車と支援用の他の自動車の配備数は不充分であった。

一方、報道員の携行武装は拳銃一梃のみで戦場で戦闘に直面したために、以降、歩兵同様に小銃を追加携行することになった。もう一つ、陸軍部隊全般の問題でもあるが報道員の冬季装備の不足が指摘された。また、移動現像所、上映車、拡声器車で用いる発電機が不足し、放送記者はハンディなカセット・テープ・レコーダーを求め、心理戦隊員は携行拡声器の装備を要求した。

　ポーランド戦のＰｋ宣伝部隊の活動は新聞記事（ヴォルトベリヒト）一三六本、写真記事（ビルトベリヒト）七〇〇枚、放送記事とインタビュー（ルントフンクベリヒト）一一七本、記録映画（フィルムベリヒト）三四本で撮影フィルムは三二七五メートルにおよんだ。

　Ｐｋ宣伝部隊は戦場で配布する前線新聞を発行した。一九三八年九月に発行された「シュレジシェン・フロントシャウ」という四ページ立ての前線新聞は最初オッペルンで印刷されていたが、のちにポーランド南部のチェンストホヴァで一万五〇〇〇～二万五〇〇〇部が発行された。こうした前線新聞はトラック二両を用いてＰｋ中隊本部から約三五〇キロ離れた陸軍軍団司令部へ運ばれて配布されたので、将兵はかなり早く前線の様子と故国の状態を知ることが可能となり士気の維持に効果があった。

「オスト・フロント（東部戦線）」という前線新聞を読む空軍部隊の兵士。

　歩兵とともに進むＰｋ宣伝部隊は、住民に大きな影響力のある地域の放送局や新聞社を設備もろとも無傷で奪取するのも重要な任務の一つだった。そして積極的宣伝をもって住民を掌握するが、場合によっては騒擾や混乱を意図的に発生させる欺瞞宣伝や謀略を行なうこともあった。

Ｐk宣伝部隊はナチ・ドイツの政策を背景としてポーランド戦で活動したが、報道員はポーランド爆撃の効果や成功例を表現するように要求され、多くのニュース映画が橋梁爆破、鉄道破壊、ポーランド軍の縦深陣地の壊滅といった共通テーマで製作された。連続シーンの続く映画と一枚の写真の宣伝上の有効性を比較するならば、圧倒的にニュース映画の方がインパクトがあり、見る者に心理的な強い影響をあたえた。

そこで、映画鑑賞者に「決定的な破壊と恐怖」を印象づけるための宣伝映画が計画され、宣伝省の映画部門を掌握していたフリッツ・ヒップラーが製作者となり、Ｐkカメラマンのハンス・バートラムに率いられた映画チームが撮影を行なった。一本目は「ポーランドの勝利＝フェルトツーク・イム・ポーレン」で、二本目は「劫火の洗礼＝フォイヤータウフェ」である。前者の焦点はポーランド侵攻戦とドイツ軍の圧倒的威力の視覚的立証であり、後者の「劫火の洗礼」は空軍の威力に焦点があてられた国内版だが、ドイツ空軍の支配力を誇示するヘルマン・ゲーリング国家元帥の演説シーンをもって終了していた。

一方、宣伝省の政治的意図を有する指示により、Ｐk報道員はポーランド軍やポーランド市民がドイツ人に加えた暴力や処刑をニュース映画、写真、あるいは記事上において表現しなければならなかった。こうした要求はドイツがポーランドを侵略する理由が薄弱であるた

ポーランド戦の宣伝映画をまとめたハンス・バートラム。

〈右〉宣伝映画「ポーランドの勝利」の上映予告ポスター。〈左〉空軍の威力を見せつけた「劫火の洗礼」の宣伝ポスター。

撮影中のワルター・フレンツ(左端)。中央向こうにゲーリング、右端はヒトラーで1944年4月の新兵器供覧会。

めに攻撃の正当化を必要としたからだった。

そうした背景の一つとして一九三九年九月三日にポーランドのヴィドゴシュチュ（ドイツ名はブロムベルグ）で、ドイツ人とポーランド住民間の対立により双方で多くの暴力行為が発生した。この結果、ヴィドゴシュチュ住民一五万人のうち一万一〇〇〇人のポーランド人とドイツ人住民中二〇〇〇人が殺害され、二日後の九月五日にドイツ第三軍が現地へ入ってドイツ人住民の遺体を発見した。次いで、警察部隊、とくにSD（親衛隊保安警察）が容疑者をつぎつぎと逮捕して簡易裁判により報復処刑を行なった。

ポーランド戦はドイツ軍がワルシャワを占領して勝利のパレードをもって終了するが、ドイツ宣伝機関はこの最初の大勝利を永続的印象に残そうとした。最初に行なわれたパレードの映像はベテラン・ジャーナリストのワルター・フレンツ（三章でも触れた）が撮影したもので、ポーランド戦の勝利、そしてヒトラーと国防軍最高司令部の強力な戦争指導者たちを描き出す典型的な宣伝フィルムだった。

　この、ワルター・フレンツは一九〇七年にシュツットガルト付近のハイルブロンで生まれたカメラマン兼映画製作者であり、ナチ党員ではなかったが国家社会主義を信奉して一九四一年に親衛隊（SS）に加わっている。第二次大戦前にヒトラーが支援するナチ宣伝映画で、ニュールンベルグを会場として神秘的雰囲気を演出するナチ党大会を撮影した「美の祭典」や「ベルリン・オリムピック」を製作した女流監督のレニ・リーフエンシュタールのスタッフ・カメラマンの一人だった。この後一九三九年から一九四五年まで「ドイ

〈上〉ポーランド戦線でサン川を渡る将兵を視察するヒトラーと戦争指導部。〈下〉ワルシャワのサクソン宮殿前。宣伝用に演出されたドイツ軍部隊のパレード。

ツ週刊ニュース映画」の報道員を務めて、ヒトラー帝国の宣伝イメージ作りに関わった。
また、既述の宣伝省のフリッツ・ヒップラー制作の映画「ポーランドの勝利」に出てくる戦勝パレードの場面は、このフレンツが一九三九年九月十五日に撮影したフィルムが用いられた。もう一つ、ヒトラーと指導者たちがサン川に沿う丘の上から進撃する部隊を閲兵している写真が今日残っているが、これもフレンツが他の数名のカメラマンたちとともに撮影したものである。

ところで、一九三九年十月一日の二回目の勝利の行進はワルシャワのサクソン宮殿前で行なわれた。これは宣伝戦イベントの一つでPk宣伝中隊が演出したものだが、カメラ・ポジション上で全体を見渡せる場所として好都合であり、カメラ効果を上げるために宣伝部隊の手でパレードを見る市民の参加が強制された。映画「劫火の洗礼」でもピウスツキ広場でパレードが連続撮影されているが、ポーランド共和国建設の父と称されるヨゼフ・ピウスツキ元帥の像の背後に配置されたカメラとパレードを追跡する車両上に別のカメラが映っているのを見ることができる。

加えて、ポーランド戦終了後の一九三九年十月五日に最後のパレードがワルシャワでヒトラーと幕僚出席のもとで行なわれ、フレンツも他の多くのPkカメラマンの一人として撮影に加わった。このイベントは宣伝部隊の所属カメラマンと報道員が描写しなければならないナチ体制内で実施された義務的エピソードの好例である。つまりイベントのハイライトはポーランド軍の降伏と首都ワルシャワ占領の強調であり、宣伝省が主導して映画と写真カメラマンたちが定められた演出にしたがって撮影したものだった。

確かにこのパレード映像にはポーランド軍とドイツ軍代表の乗る二台の車の後方に写真カメラマン一名と映画カメラマン二名が認められる。別の勝利のセレモニーでは両軍代表が対面してブラスコビッツ大将がポーランドの軍事的占領を文章で読み上げている。しかし、事実はこれより前に行なわれたバス内での降伏交渉であり。演出上では事実との比較にあまり注意が払われない勝利者による粗雑な演出であった。

ポーランド戦前の一九三九年八月二十三日に独ソ不可侵条約がドイツ外相リッベントロップとソビエト外相モロトフによって締結されたが、両国間にはポーランドの攻撃と分割占領を認める密約があった。同年九月一日にドイツ軍はポーランドへ侵攻し、ソビエト軍も同年九月十七日にポーランド北部から侵入してブーク川を挟んで手を結んだ。

この突然の独ソ不可侵条約は宣伝省をはじめとする国家機関に、それまでの反ソ政策を急変させてソビエトを同盟国家として扱うことになり、街頭から反ソポスターや書物が消え失せ、同時にポーランドへ派遣されたＰｋ宣伝部隊の活動にも変化をもたらした。

こうした背景下で一九三九年九月二十二日に実施されたソビエト軍とドイツ軍の勝利の軍事パレードの報道は、第５０１Ｐｋ宣伝中隊と第６８９Ｐｋ宣伝中隊によってカバーされた。これはソビエト側代表のインタビューのほかに、マックス・エーラートやハインツ・ベーシ

ブレスト・リトブスクで独ソ軍のパレードを閲兵するグデーリアン将軍(壇上中央)と手前に撮影中のPkカメラマン。

グ・カメラマンが撮影した映像素材が一時的な友好を示す宣伝に用いられた。

モドリン要塞に籠って首都防衛に任じたポーランド兵士たちを第501Pk宣伝中隊の報道員ハンス・フォン・デル・ピーペン、ウルリッヒ、オットー・ポールらが映画フィルムとスチール写真に撮影して、近代的装備のドイツ軍兵士と貧弱な装備で苦悩するポーランド兵士のコントラストとして描写したりした。

そうした映画の一つが「モドリン要塞の降伏＝ダイ・ウイーバァガーベ・フォン・モドリン」という一六ミリ・フィルムの記録映画であるが、要塞、ポーランド兵捕虜の苦悩、捕獲小銃の山、銃剣、大砲、山積された接収品などが撮影されている。また、首都ワルシャワ占領の数日後にゲッベルスが出した指令により、映画、写真、新聞報道において政治的意図を持つ反ユダヤ主義を反映させる差別政策を見ることができる。

一九三九年十月に国防軍宣伝部は各Pk宣伝中隊へポーランド作戦中の活動をねぎらって

戦勝祝意の電報と書簡が発信され、微妙なニュアンスを含む電文もあったが、おおむねＰｋ宣伝部隊の活動を称賛するものだった。

ポーランド戦後において、Ｐｋ宣伝部隊が前線で活動する部隊にいかに関与するかという問題が国防軍宣伝部と宣伝省の間で議論されて、Ｐｋ宣伝部隊の管理と報道員の活動範囲が再定義された。その結果、ラジオ放送と新聞報道員は軍事用語の学習を行ない、同時に軍事用語に不慣れな国民に用いる場合のあつかいと、つねに読者と同一レベルに立つ報道が要求された。さらに写真カメラマンもいくつかの点で同様な指示を受けたほかに、撮影対象にはとくに注意が与えられた。

また、組織運営上で宣伝部隊の多くの予備役はワイマール共和国軍時代の階級や規則に慣れていたために、新国防軍の規則に従うように再三要求された。加えて、保安上、連合国側に軍事情報を与える恐れがあるために地域が特定されるような記述や写真を避けるとともに、ドイツ軍、連合軍を問わずに「作戦部隊」に言及することも禁止された。

国防軍最高司令部と宣伝省は、空軍機、地上部隊の行軍、砲兵隊、弾薬補給、敵国資材の捕獲状況などを撮影対象としたが、写真の背景にその地方の文化や建築物が写る場合は情報が分析されやすく、天候、日没、雲、海、および俗悪なシーン、また、はるか遠方で離着陸する航空機や、果てしない歩兵の列といった宣伝に役立たない情景は避けるように指示された。

映画特殊部隊リーフェンシュタール

レニ・リーフェンシュタールは一九〇二年八月二十二日、ベルリン生まれの有名な女優兼女流監督である。一九二〇年代の映画女優で一九二六年の「神聖な山＝Der heilige Berg」、「パル山の白い地獄＝Die weisse Holle vom Piz Palü」といった映画に出演したが、一九三二年の作品「青い光＝Das blaue Licht」で女流監督を務めてヒトラーの関心を惹いた。

そしてヒトラーの後押しにより一九三三年にナチ党の宣伝映画「信念の勝利＝Sieg des Glaubens」、一九三四年にニュールンベルグのナチ党の祭典を映画化した「意思の勝利＝Triumph des Willens」を制作して有名となった。一九三五年には「我が国防軍＝Tag der Freiheit-unsere Wehrmacht」、一九三六年の「国家の祭典＝Fest der Volker」や「美の祭典＝Fest der Schonheit」を監督した。

一九三六年夏のベルリン・オリンピックで大規模なリーフェンシュタール撮影隊が記録映画「オリンピア」を映像化したころが彼女の絶頂期だったが、宣伝大臣のゲッベルスとは不仲だった。そうではあったが、ヒトラーの威光もあり一九三九年九月のポーランド侵攻戦の宣伝映画撮影に撮影隊を率いて加わった。

このグループにはカメラマン兼プロデューサーのワルター・フレンツとベテラン・カメラマンのハンス・エルトルらがいたが、彼らはのちに国防軍と宣伝省による戦争ドキュメンタリー長編映画の撮影でそれぞれに有名になった。エルトルは当初、陸軍第５０１Ｐｋ宣伝中隊のカメラマンだったが、のちに第６３７Ｐｋ宣伝中隊へ転属している。また、のちにヒトラー付きのカメラマンの一人となるフレンツもこの宣伝中隊に所属していた。

ポーランドで映画特殊部隊を率いた女流映画監督レニ・リーフェンシュタール。

ゲッベルスと宣伝省に無視されていたリーフェンシュタールだったが、国防軍宣伝部は一九三九年九月一日のポーランド侵攻戦の記録映画製作に「映画特殊部隊リーフェンシュタール」を起用して南方軍集団に所属させた。映画特殊部隊は国家社会主義自動車軍団（ＮＳＫＫ＝ナチ党の自動車運転手養成機関）から派遣された運転手と軍の自動車三両に分乗してオッペルンを出発し、国防軍最高司令部の特別許可で七〇〇リットルのガソリン供給許可証を所持していた。

しかし、民間人、とくに女性は軍のしかるべき階級の士官の同伴がなければ前線へ入ることができず、ＳＳ（武装親衛隊）大尉シュトルツが撮影隊の指揮者となったためにリーフェンシュタールは実質的な行動力を失った。

リーフェンシュタールの回顧録によれば、「正式許可は一九三九年九月十三日だったが、すでに撮影は開始されていた。我々は報道責任者の制服を着用してホルスターに収めたピストルとガスマスクを携行し、撮影スタッフは宣伝省の身分証明書を所持していた」とある。

ゲッベルスは非協力であったが、リーフェンシュタールが撮影を実施できたのはひとえに総統ヒトラーの庇護による特殊な影響力によるものだった。しかし、ヒトラー自身の関心が戦争に集中されるようになるとリーフェンシュタールへの支援は不充分となり、しかも、リーフェンシュタールが映画の中で描こうとした「不滅のドイツ兵士」が戦場で行なう蛮行を目にすることになった。

リーフェンシュタールの撮影隊がドイツ陸軍部隊に続行して記録映画の撮影を行ない「ドイツ週刊ニュース」が作成されたと巷間よく言われるが、実際はヒトラーを主役とする陸軍部隊のポーランドでのパレード撮影は宣伝省により妨害されており、この伝聞が事実でないことを示している。のちにリーフェンシュタールは「ドイツ週間ニュース」はほとんど芸術的価値のなかったものだと述べている。

元は映画製作者だった宣伝省映画局長のフリッツ・ヒップラーの権限は広範囲におよび、「ドイツ週刊ニュース」の制作責任者として最終検閲権限も有していたので、リーフェンシュタール撮影隊のフィルムとＰｋ宣伝部隊の膨大な撮影映像から勝利の映画という宣伝テーマに必要な部分を抜粋できた。このためにリーフェンシュタール・チームの撮影した映像は「ドイツ週刊ニュース」の構成フィルムの一部となってしまい、事実上排除されてしまったのである。

一方、空軍の総帥国家元帥ヘルマン・ゲーリングの要請で制作されたハンス・バートラム監督の「劫火の洗礼＝フォイヤータウフェ」は、ドイツ軍のノルウェー侵攻二日前にオスロのドイツ大使館で上映されて、ドイツ軍の脅威を植えつけるという心理戦で大きな効果を挙げた。しかし、この映画はあまりにも暴力的でありすぎると判断した宣伝省のヒップラーは、英雄的なポーランド戦とするために、このフィルムの一部だけを利用して、別の映画「ポーランドの勝利」を制作した。

ゲッベルスのもとで全ドイツ映画を取り仕切った宣伝省映画局長フリッツ・ヒップラー。

このようにリーフェンシュタール撮影隊の映像はヒップラーによりいくつもの映画と合体されて薄められてしまい成果とならなかったが、数名のカメラマンの名前は映画のタイトルには表示されている。やがて排除されたリーフェンシュタール撮影隊のカメラマンと技師たちは、ゲッベルスの影響下にあるＰｋ宣伝部隊へしだいに吸収され、あるいは移動などにより消滅した。

ポーランド戦終了直後に師団レベルの前線将兵の士気高揚の手段が重要な検討課題となり、一九三九年十月三日に特殊映写車両による宣伝映画の巡回上映計画が立てられた。将兵たちは「ドイツ週刊ニュース」から多くの情報を得たが、師団数が多いために兵士たちが鑑賞する機会が少ないことが問題となった。

そこで、一個Pk宣伝中隊に映写装置を積載した二両のトラック装備が進められ、四個師団で編成される一個軍団は二週間に一回、六個師団編成の一個軍は三週間に一回、八個師団編成の一個軍集団は四週間に一回の上映が可能となった。また、宣伝部隊はポーランド戦で有効性を発揮したが、積極的宣伝（対敵）、あるいは占領国の国民に対する効果的な宣撫宣伝手法の一層の改善が求められた。

ポーランド戦後に本国へもどった数個Pk宣伝中隊は休暇をとり、一部は軍事訓練を行なった。たとえば空軍第4Pk宣伝中隊の場合、一九三九年十月六日にブレスラウのランゲナウからウィーンへ入ったが、予備士官や補充兵はすでに基礎訓練を受けていたので半数は休暇となり、残りの半数は九日間の射撃を含む軍事訓練が実施された。

次いで、宣伝部隊は部隊名の変更、再編、再配置が実施されて、一九三九年十月十日に東方（ポーランド方面）とフランス国境付近の西方域（フランス・ドイツ国境）へ再び派遣された。その結果、ポーランド方面の東方域には第三軍と第一四軍所属として第501Pk宣伝中隊と第621Pk宣伝中隊が配備された。この二個中隊は三個Pk宣伝隊に分割されて、ドイツ東方軍参謀本部（オベロスと称した）の管轄下に入り、十月十三日に第621Pk宣伝中隊はポーランドのクラクフ市占領軍本部の指揮下に入るために移動した。

（注・第689Pk宣伝中隊はドイツ東方軍〈オベロス〉から第二軍へ、第637Pk宣伝中隊は第一〇軍から第六軍へ、第637Pk宣伝中隊は第649Pk宣伝中隊はドイツ東方軍〈オベロス〉から第二軍へ、第一〇軍から第六軍へ、第649Pk宣伝中隊はドイツ東方軍〈オベロス〉から第二軍へ移された。なお、本書ではこのような読者にとっては無味乾燥な部隊の移動などの軍事的記録は最小限度の掲載とした）

ポーランド戦中の陸軍と空軍は全般的に自動車が不足し、宣伝部隊も数種の民間乗用車やときにコンバーチブル車など、カムフラージュ塗装もない民間ライセンスプレートのままの車両を使用したりした。ナンバー・プレート（WHは陸軍、WLは空軍、WMは海軍、SSは親衛隊）に軍表示のない民間プレート、たとえばベルリンから来た車両はプレートの頭に「IA」と表示されたままの車両も見られた。

一九三九年九月のポーランド戦時のPk宣伝部隊は機動力不足、装備の不充分、あるいは宣伝手段の未成熟といった部分があったものの貴重な経験を積んだといえる。

北欧侵攻戦とPk宣伝部隊

1940年3月、北欧作戦「ウェザーユーブング」に出撃する重巡ヒッパーと乗船部隊。

一九四〇年二月に英軍捕虜を船倉に隠してノルウェー海域に停泊していた補給船アルトマルクが、英駆逐艦コサックの強制臨検を受けて捕虜は英国に奪還された。この中立海域での英側の強引さがヒトラーに行動を起こさせるところとなった。

それから二ヵ月後の四月九日、ドイツの戦争指導部は英国に先駆けてノルウェーの占領作戦（ライン演習＝ウェザーユーブング）を発動したが、戦略目的はノルウェーをドイツに取り込み、Uボート（潜水艦）と海軍艦艇の大西洋への出撃基地の獲得、そして戦争経済に必要なスウェーデン北方のキルナとイェリバレの鉄鉱石の入手であった。

国防軍最高司令部は陸海空三軍の数個Pk宣伝中隊を、ノルウェー語に堪能なクラウス・ゴットフリート・ハーン海軍少佐に率いさせて戦闘報道に従事させた。当初の報道員は七三名で海軍Pk宣伝部隊員が多かった。さらに小グループに分割されて一チームは映画カメラマン、写真カメラマン、新聞記者、映画撮影の補助を行なう映像技術者、イラストレーター、音声技術者、宣伝ビラ作成者などで構成されていた。その詳細な活動記録が残されており、Ｐｋ宣伝部隊が戦場でどのように活動したのかを知ることができる。

作戦に先立ち、ハーン海軍少佐は一九四〇年三月に要員たちをポツダムへ集めたが、経歴、年齢などが多様であり、訓練で共通レベルにすることが難しかった。また、カメラ、車両、武器などの標準装備化にも努力したが装備の実態はまちまちだった。それでも指導者たちの努力により四週間以上の訓練で報道員たちと支援要員はＰｋ宣伝部隊の規律ある軍人として生まれ変わった。

ノルウェーのベルゲンにおける海軍Pk宣伝中隊の予備少尉カメラマン。

このころ、ポツダムのＰｋ補充宣伝大隊（ＰＥＡ）で訓練中の要員は、新たに設立された東方Ｐｋ宣伝中隊と西方Ｐｋ宣伝中隊に配備されたが、両中隊はすぐにＰｋ宣伝中隊ダンマルク（デンマーク）とＰｋ宣伝中隊ノルウェーと改称されて、ハーン海軍少佐の指揮下に入った。

Ｐｋ宣伝部隊は、地上軍とともに戦場へ入り、占領地の放送局、新聞社などを奪取して管理下に置くことを任務の一つとした。実際にノルウェー作戦中に「ノルトヴァハ（北の守り）」という日刊新聞を現地で三万部発刊して宣伝活動を行なった。作戦開始数日後から新聞記者のエルウィン・キークヘーベン＝シュミット予備少尉の戦場記事、そして特殊下士官のゲルト・ハベダンク、エリック・ボルチェルトらの戦場写真がベルリンへ届き始めた。

予備少佐カール・クランツが指揮する空軍第1Pk宣伝中隊はシュレスビッヒ・ホルシュタイン州のウターセンに駐留していたが、ドイツ軍が南ノルウェーの飛行場を確保するとオスロへ向かった。海軍の二個Pk宣伝中隊も加わり、海軍第1Pk宣伝中隊はシュヴィーネミュンデ、キール、トラーヴェミュンデから移動し、海軍第2Pk宣伝中隊の報道員らはヴィルヘルムスハーフェン、ウェザーミュンデ、クックスハーフェンの軍港から北欧へ侵攻するすべての艦船に何らかの形で同乗した。

一九四〇年三月十六日〜十七日に第681Pk宣伝中隊は山岳軍団に配備され、分遣隊は四月五日に第一三八山岳猟兵連隊へ送られてクックスハーフェン港から重巡アドミラル・ヒッパーに乗船してトロンヘイムへ向かった。他方、四月四日にPk宣伝部隊指揮官のハーン海軍少佐もステチン（ポーランド）で停泊中の汽船リオデジャネイロに乗り込み、他の派遣隊もステチンから汽船アンタレスに乗船した。四隻の船団はノルウェー南岸に向かったが四月八日早朝にクリスチャンサンまで数キロの地点で、汽船アンタレスが英潜水艦に沈められて三名の報道員と機材、そして運転手二名を失った。しかし、Pk隊員の生存者は掃海艇に救助されてデンマークのフレデリクスハーフェンへ運ばれ、オスロへの配置転換かあるいは器材不足で活動不能となりベルリンへもどされた。

一方、Ｐｋ宣伝中隊ノルウェーからの別の派遣隊は四月六日にポツダムを出動して車両と列車でシュビーネミュンデ港（ポーランドのシフィノウィッチェ）へ向かい重巡洋艦ブルッヒャーに乗船し、四月七日に装甲艦リュッツオー、軽巡エムデンと三隻の魚雷艇が船団を組んでノルウェーへ向かった。これには第一六三歩兵師団長エルヴィン・エンゲルブレヒト中将と師団歩兵と突撃工兵が乗船して通信機器も積載していた。

ドイツ軍に占領されたノルウェーのオスロ空港だが多数の軍用機が見える。

四月八日、重巡ブルッヒャーは海軍司令官のオスカー・クメッツ提督のオスロフィヨルド突入命令を受けて、翌四月九日早朝にノルウェー沿岸オスロへの接近航路であるドロバク海峡を防衛するオスカーボルグ要塞の砲兵中隊の砲撃で沈められ、一二五名の乗員と一九五名の兵士が命を失い、Ｐｋ宣伝派遣隊も六名の報道員と技術者を失った。

ノルウェーでディートル中将（中央）は山岳師団を指揮して英派遣軍と激しい戦闘を行なった。

しかし、荒天の中で装甲艦リュッツオー、駆逐艦アルバトロスから将兵が上陸してオスロ市は占領され、四月九日朝にドイツ空挺部隊がオスロ郊外のフォルネブ飛行場を占領してユンカースＪｕ52輸送機の着陸が可能となった。

ナルビクの戦闘

ノルウェー北方のナルビク港では、エデュアルト・ディートル中将指揮する二〇〇〇名の山岳猟兵部隊が悪天候により増援軍を送り込めないでいる中で南部ナムソスへの英軍二万四〇〇〇名の上陸に直面した。四月十三日に英海軍は戦艦ウォースパイトを含む強力な艦隊をもって、ナルビク港に停泊中のドイツ駆逐艦隊を攻撃して大損害をあたえていた。

ここで、ディートル中将は損害を受けた駆逐艦部隊から二六〇〇名の乗員を戦闘員として加え、ノルウェー軍から入手した兵器と弾薬を使用して戦線を維持した。ドイツ空軍基地は九〇〇キロも彼方で支援不能だったが、ユンカースＪｕ52輸送機がナルビク北東二五キロにある氷結湖へ片道飛行で物資を運び、帰路は破損機から抜いた燃料で帰還した。

四月十六日に第一三九山岳猟兵連隊第一中隊がナルビク地区で鉄道駅を確保すると部隊と資材補給が可能になり、空軍もトロンヘイム北飛行場を確保して地上部隊もナルビクの制圧に成功し、Ｐｋ宣伝隊員も小数ずつ戦線からナルビクへ集められた。侵攻戦後半にデンマークとノルウェーの新聞社や放送局はドイツ軍の管理下に入り、宣伝戦の拠点となってノルウェー国民に重要な影響をあたえていた。

四月十一日にＰｋ宣伝中隊ノルウェーのリヒャルト・ダウプ予備少尉が重巡ブルッヒャーの戦闘と沈没を二本の新聞記事として電話でベルリンへ送稿し、中隊長のリヒャルト・クアピル予備大尉は一四本のライカ・カメラ撮影フィルムとコンタックス・カメラ撮影フィルム二本、およびカラー・フィルム一本のほかに、空軍報道員撮影の一〇〇メートル長の三五ミリ映画フィルムと二〇〇メートル分の一六ミリ映画フィルムなどの報告書をまとめてベルリンへ輸送した。

翌四月十二日、六隻の船団がオスロへ到着して汽船エスパニアによりＰｋ宣伝部隊の重要器材である録音装置搭載の放送技術車が輸送された。四月二十日に首都オスロでヒトラー誕生日の軍事パレードが計画されてＰｋ宣伝中隊ノルウェーの全報道員が動員されたが中止となった。四月二十四日、占領軍司令官のニコラウス・フォン・ファルケンホルスト大将のほかに、ヒトラーはノルウェー総督にヨゼフ・テルボーフェンを派遣した。

四月二十九日、Ｐｋ宣伝部隊の連絡使が一週間分の活動記録である二一本の新聞記事、ライカ・カメラとコンタックス・カメラによる二二本の撮影フィルム、カラー・フィルム一本、四二本の「ドイツ週刊ニュース」用の映画フィルム、二四本の放送記事を携行してオスロからベルリンへ向かった。

四月三十日、新聞記者のフランツ・ハウスマンは、ユンカースＪｕ87急降下爆撃機に同乗してナムソス港に係留中の英船への急降下攻撃を体験して記事を書き、五月六日、連絡使がオスロからベルリンへ向かい一週間分の報告書を運んだ。これは、二九本の記事と一三本の写真フィルム、二〇本の映画フィルム・リールと一八〇メートル分のトーキー（音声）付きフィルム、三六本のラジオ放送用記事だった。

また、トロンヘイムでの活動は報道員のフォン・ヘデトとノルテがカバーしていたが、五月十一日までにノルウェー中部のナムソス地区の戦闘が終了して報道員の帰国が検討された。続いて五月十二日までの一週間分の報告書がオスロからベルリンへ運ばれ、二五本の新聞記事とライカとコンタックス・カメラ撮影のカラー・フィルム二本のほかに、三〇本のフィルム、一二本の放送記事と報告書が送られた。なお、ノルウェーの航空基地とドイツの航空基地からの出撃作戦では空軍第1Ｐｋ宣伝中隊（Ｌｗ ＫＢＫ1）と空軍第5Ｐｋ宣伝中隊（ＬｗＫＢＫ5）が活動した。

一九四〇年五月十四日まで少数の報道員がノルウェーのナルビクとトロンヘイムに残って

いたが、トロンヘイム・ナムソス間、およびナルビクで最後の報道活動を行なったほかに、翌十五日の午後にオスロで海軍総司令官レーダー元帥の検閲行事の報道に従事した。なお、隣国のフィンランドでは第680Ｐｋ宣伝中隊がノルウェー軍本部に付属して活動していた。

五月十九日までの一週間分の報告書の記事一本、ライカ・カメラ撮影フィルム九本、一一〇メートル相当の「ドイツ週刊ニュース」用フィルム二本、八本のラジオ放送用インタビュー記録を携行して連絡使がオスロからベルリンへ向かった。五月二十日に次の連絡使がオスロを出発したが、「ドイツ週刊ニュース」用の一七本（五一〇メートル）のフィルム・リールと下士官カメラマンのヴィンターフェルトによる写真撮影フィルムが含まれた。五月二十三日に最後の連絡使がライカ・カメラ撮影フィルム四本と一二〇メートル相当の四本の映画フィルムをベルリンへ運んで、ノルウェー侵攻戦におけるＰｋ部隊の戦闘報道は終了した。

ここで、Ｐｋ宣伝中隊ノルウェーはポツダムへもどされて最後の隊員一五名は八月にオスロを去っていった。

ノルウェー戦ではＰｋ宣伝中隊ノルウェーとＰｋ宣伝中隊デンマークがよく活動し、主に報告書はスタヴァンゲル、ベルゲン、トロンヘイム、ナルビクなどで作成されたが、一部は迅速性の観点から直接ベルリンへ送られた。宣伝部隊の活動は活発で一九四〇年四月から五月までの報道報告は航空便で国防軍最高司令部の検閲機関に送付されたが、総量は三〇〇本の記事に二五〇本の写真フィルム、三〇〇本で一万八〇〇〇メートル相当の映画フィルム、

ノルウェー戦。歩兵を支援する１号Ａ型軽戦車。

そして二〇〇本の放送記事とインタビューはドイツ本国の宣伝政策の重要なツールとなり、ドイツ本国の国民宣伝と海外用の宣伝素材として多くが活用された。とくに、ゲッベルスによる「できるだけ事実に立脚する報道政策」が初期戦の勝利と余裕により可能となり、豊富な素材により外国の媒体も北欧侵攻作戦を報道したのは宣伝戦の勝利として特筆に値するであろう。

報道員のゲアハルト・ボットガーは海軍第２Ｐｋ宣伝中隊に所属していたが派遣隊に加わりノルウェー戦中の写真を撮影し、一九四一年にベルリンのゲァハルト・スターリング出版社で『北ナルビクでいかに活動したか』という写真集を刊行している。戦時中のために一部が検閲で制限されているが、この本によりＰｋ宣伝部隊の報道員の活動の一部を知ることができる。

そのボットガーはこう述べている。

「侵攻戦初期のナルビクにおけるドイツ軍戦線の危機はＰｋ宣伝部隊員たちに混乱をもたらし、海軍兵とともに防衛軍に組み入れられて前線で幾度もカメラを脇に置いて銃をとった。

また、補給品輸送や負傷者搬送にも従事し、加えて極寒の地と湿度がフィルムの現像を不能にしたので撮影フィルムはベルリンへ送らねばならなかった。幸いに報道員たちのライカ・カメラのボディとレンズは厳寒地でも凍結せずに機能したが、カメラの故障と部品の入手はいつも気がかりなことだった。

1940年5月にフランスのアイネ川付近を進む第7装甲師団の3号Ｅ型戦車。

ある日、素晴らしいことに補給機が飛来してライカ・カメラのボディを投下したが、二台目のカメラにはカラー・フィルムが装填されていた。このとき私に故郷のグラーツ（オーストリア）の妻からの郵便が届き、手紙に添えられた雑誌には私の撮影した写真が掲載されていた。これを見て私が送った報告書とフィルムが幸いにもベルリンへ届いていることを知ったが、現実は輸送機が撃墜されて途中で失われた報告書も多々あったのである」

西方電撃戦

一九四〇年四月からのノルウェーとデンマーク侵攻戦末期になると、多くのＰｋ宣伝部隊はドイツへもどされた。そして、間もなく始まるフランス電撃戦に備えて多数の部隊に分散派遣されて、独仏国境のドイツ側のジークフリート防衛線に展開する国防軍部隊に広く再配備された。

これらのPk宣伝部隊はフランス側の防衛施設のマジノ要塞地区で、フランス語とドイツ語による宣伝放送、宣伝ビラ、新聞、演説、歌、音楽、前線新聞などを用いる総合的な宣伝戦を展開して、フランス軍の士気を挫く綿密な心理戦の「隠れ兵器」として電撃戦前に大きな効果を挙げた。事実、フランス戦後においてヒトラーはゲッベルスの謀略宣伝による裏戦争の貢献を高く評価している。

一九四〇年五月十日にドイツ軍は西方電撃戦「黄色の場合（フォールゲルベ）作戦」を開始すると、オランダを五日間で占領し、ベルギーも一八日間で陥落させて、六月十四日にパリへ入城してフランスは降伏に至った。

ドイツ国民と欧州諸国は勿論のこと、世界は驚きをもってドイツ軍の戦車を先頭に進撃する近代的な装甲電撃戦を見た。この様子はPk宣伝部隊の報道員の手でニュース映画、放送、写真、記事の嵐となり、ゲッベルスの宣伝省から奔流のように流れてヒトラー帝国の勝利を喧伝した。近代戦で宣伝がどのような役割を果たすかをよく知るゲッベルスの宣伝省と国防軍宣伝部は、勝利の波に乗ってPk宣伝部隊をさらに拡大した。

ドイツ軍は一九三八年のスペイン内乱時に四六両の拡声器車を派遣して戦線攪乱を行なった経験を有していた。このスペインで用いられた拡声器車両はミュンヘンとウィーンのドイツ放送局で管理していたが再びフランス戦へ投入され、のちの一九四〇年六月十七日にフランスのペタン元帥がフランス国民へ向けた休戦宣言を放送する際に、フランスの住民に対して用いられて大きな効果を上げた。

また、宣伝ビラ戦での例として、リールで包囲したフランス軍に対して「この宣伝ビラを持つ者を降伏者として寛大に受け入れる」という手法を用いて成果を挙げた。

このように宣伝部隊員は敵軍への投降呼びかけ、ドイツ軍将兵の称揚と士気の向上、そして占領国住民の宣撫と世論操作により、戦争の仕上げ役として重要な役割を担った。最終的に占領地の新聞社、放送局、出版社などのジャーナリズム素材をＰｋ宣伝部隊が支配していた。

安定の悪い乗用車の上で、三脚付きアスカニア映画カメラを用いて撮影を行なうPkカメラマン。

ゲッベルスが生み出した「Ｐｋ戦闘報道員」は、それぞれ専門分野ごとに国防軍宣伝部と宣伝省のガイド・ラインにしたがって行動するように指示されていた。とくに宣伝大臣ゲッベルスの直接指令により新聞記者、放送記者、アナウンサーらは指定された表現や語彙を用いたが、初期電撃戦においてこんな指令が見られた。
○ポーランド戦とノルウェー戦を比較せよ。
○運河と水路の多いオランダ戦線の困難さに配慮せよ。
○ベルギー・リエージュの要塞攻略が厳しい戦闘であることを強調せよ。
○相手が数的に優勢であること、とくに空軍について強調せよ。
○敵の国家体制に関する疑問を抽出せよ。
このほかに、カメラマンの一二の規則（Ｐｋ報道員のホールスト・グルント著『カメラマンの一二戒』による）という遵守を求めた。
○第一に兵士であれ、ジャーナリストは二の次である。
○第三帝国に忠誠を尽くせ。
○軍事行動を妨げずに撮影せよ。
○撮影題材をあらかじめ想定してフィルムは節約せよ。
○撮影対象は鮮明に、そして内容に注意せよ。
○撮影機材を大切にせよ。カメラはカメラマンの兵器である。
というような按配で、Ｐｋ宣伝部隊は実戦で経験を積むことにより、宣撫政策や手段の改良を行なったものの、戦争の進展は予想しないような新たな環境や情勢を発生させ、Ｐｋ部隊はドイツ本国の宣伝指示との間に矛盾が生じることとなった。

一九四〇年六月の西方電撃戦終了後は占領国へも宣伝部隊が続々と投入された。オランダは占領直後に民間人の多いＰｋ宣伝派遣隊オランダが担当し、ベルギーは北欧州方面Ｐｋ宣伝大隊《アプタイルング》ベルギー（アプタイルングは大隊を意味するが、歩兵部隊の規模と異なり小規模で組織上の呼称だけだった）で、フランスのＰｋ宣伝中隊パリは西方Ｐｋ宣伝大隊へ発展した。

〈上〉フランス戦中に16ミリカメラで戦場を撮影するPkカメラマンとバッテリー助手、右端に警備兵が見える。〈下〉フランス戦中に捕虜の扱いを示すポスターを貼るPk宣伝隊員。

占領下の諸都市へ広く散ったのは宣伝班規模だが、ドイツ本国のＰｋ宣伝部隊よりも活動が独立的であり、ナチ・ドイツ宣伝の中心を担った「シグナル」のような宣伝グラフ雑誌の外国語版制作も行なった。このことは、ドイツ版とフランス版を比較してみるとその違いがよくわかる。

パリで前線新聞を配布する陸軍Pk宣伝隊員で左方に拡声器装備の宣伝カーも見える。

一九四〇年七月からロシア侵攻バルバロッサ作戦前の一九四一年春までの期間は宣伝部隊の組織と機材の整備に充てられて、いくつかの重要な指令が出された。とくに国防軍最高司令部宣伝部は宣伝省の主張する「人種間の相違」を反映し、ドイツ兵士が他民族より優位であることを視覚上で強い影響力を持つニュース映画や写真で明示することを要求してフランス戦中に実行された。

これは、ゲッベルス指令の政治的意図による人種間の相違（ラセンコントラステと称した）を、「西方の勝利」というプロパガンダ映画の中でドイツ兵の優位性をセネガル兵士の映像と対照させる手法で表現したが、他に大衆啓蒙の重要なツールだった「ドイツ週刊ニュース」や「シグナル」誌などでいくつも例証することができる。

「西方の勝利」というドキュメンタリー長編プロパガンダ映画は、陸軍総司令部（OKH）が記録映画の専門家であるフリッツ・ブルンシュとスベンド・ノルダンに、フランス電撃戦の勝利を描くように制作を命じたものである。一九四一年に完成したこの映画はＰｋ宣伝部隊でなく戦闘記録を担当する陸軍映画班のカメラマンが撮影したフィルムも使用され、作戦の導入部と作戦そのものの二つの部分に分けられているが内容的に熟練した映像を見ることができる。

一方、この映画の「ドイツ週刊ニュース」版はパリ占領までを描く四二分間の縮小版となった。ニュース映画や写真はゲッベルスの宣伝省の旗振りのもとで政治的影響をあたえるべく意図的に利用されたために、内容は前後の関係を無視して真実の状況を示さなかった。

映画「西方の勝利」のポスター。

また、『西方のヒトラー（ミト・ヒトラー・イン・ヴェステン）』というヒトラーの専属カメラマンだったハインリッヒ・ホフマンによる写真集がある。これは一九四〇年にベルリンの現代史出版社（ツァタイトゲシヒテ・フェァラーク）から刊行された。このホフマンは同じ出版社から『ポーランドのヒトラー（ヒトラー・イム・

ポーレン)』も刊行している。

Pk報道カメラマンだったゲオルグ・シュミット・シーデルの回顧録『地獄の報道員』によれば、「フランス戦時に戦闘報道に従事したPk宣伝部隊カメラマンたちは、フランス軍の敗北とダンケルク海岸での英軍の退却を示す映像を求められた。しかし、海岸で英仏軍の戦死者を見ることはなく、ダンケルクの海岸に多数散乱する英軍のリーエンフィールド小銃や、捨て去られた多数の兵士の背嚢と鉄兜などを撮影することで連合軍の敗北を例示したが効果は充分だった」と述べている。

また、Pk宣伝部隊の重要な任務の一つはナチ党の政治目的を巧みに例示することであった。これはドイツではヘイマトプロパガンダ(政治宣伝)と呼んで、大戦前半のドイツ国民の士気の維持と向上に役立った。これに対して前線で行なう宣伝はフロントプロパガンダ(前線宣伝)と称してドイツ軍将兵の士気高揚に貢献した。

もう一つ、敵軍に向けられたフェイントプロパガンダは対敵宣伝で、今日的にいえば心理戦であるが、放送、宣伝ビラ、あるいは拡声機をもって敵軍に投降を呼びかけるほかに士気を削ぐことを目的としたが、先にも触れたが宣伝省により広範囲な対フランス宣伝戦が計画されて、新聞、雑誌、ラジオ放送、「ドイツ週刊ニュース」などの媒体で実行されて効果をあげた。

一九四〇年の西方電撃戦時にドイツ軍が英欧州派遣軍を海峡へ追いつめた有名なダンケル

〈上〉総統本営におけるヒトラー付きカメラマンのホフマン（右）と親衛隊長官のヒムラー（中央）。〈下右〉ホフマンが撮影刊行した『ポーランドのヒトラー』。〈下左〉同じくホフマン撮影の『西方のヒトラー』。

ク戦がある。五月中旬にダンケルク要塞都市を攻めた東プロイセン第一騎兵連隊の支援を受けた第621Pk宣伝中隊の拡声器グループは、対敵宣伝効果についてこう記録している。

「我々は英軍の毒ガス攻撃を懸念しつつ市を横断してダンケルク港へと進み、夜間に一万名が守備するダンケルク要塞を囲む運河を連隊の支援を受けて、拡声器とPk隊員を乗せたゴムボートで渡河した。我々の任務は難しいものだったが、敵の前哨陣地の監視兵に気づかれずに拡声器から一二〇メートルあまり電線を引いて発電機と結線し、すぐに簡単な英語とフランス語で『抵抗しても無駄である降伏せよ！』と呼びかけるとともに穏やかな音楽を流した。この降伏勧告は効果を上げて、翌朝になると要塞防衛の大量のフランス兵士たちが投降してきたのには驚かされた。我々は要塞を出て収容所へ向かう捕虜たちに、拡声器による降伏勧告をどう感じたかと問うと、『降伏の意思を決めるきっかけになった』という答えを得て、対敵宣伝の有効性を確信することができた」

もうひとつ、第621Pk宣伝中隊の例がある。オワーズ川とアダム島地区で二日間にわたり第八歩兵師団第二八歩兵連隊が渡河戦を試みたが、甚大な損害を被って撤退のやむなきにいたった。つぎに第一〇歩兵師団第三八歩兵連隊のアロイス・プロチャスカ少尉に率いられた突撃隊が渡河することになった。少尉はPk宣伝部隊に渡河を成功させるのに何か考えがないかと尋ねた。そこで、宣伝部隊はオワーズ川の土手に沿って拡声器を設置して午前三時ころから大音量で、「コム・ツリュク！（もどれ！）」という連呼音を川上から放送した。

この拡声器の騒々しい音声にまぎれて、少尉と突撃隊はフランス軍に気づかれずに対岸へ渡り防衛陣地を急襲占領した。ちなみにプロチャスカ少尉は一九四〇年六月二十四日に騎士十字章を受章している。

なお、この「心理宣伝戦」の成功から発展して一九四一年夏のロシア侵攻戦では第621Ｐk宣伝中隊に拡声器宣伝部隊が設けられ、また、装甲軍と装甲軍団に分割所属した第697装甲Ｐｋ宣伝中隊（装甲＝パンツァＰk宣伝中隊）などが初期侵攻戦時の宣伝戦でロシア兵の投降勧告で効果を挙げた。

〈上〉騎士十字章を授与された陸軍Pk宣伝隊員で多くの勲章が左胸を飾っている。〈下〉望遠レンズ装着の16ミリ・アリフレックス・カメラで戦場を撮影するPkカメラマン。

一九四〇年五月～六月のフランスとオランダ、ベルギー侵攻戦時に陸軍の九個Ｐｋ宣伝中隊と空軍三個Ｐｋ宣伝中隊の一二個中隊が多数の派遣隊に分割配備されていた。このほかに西方戦線の三個軍集団のうち、北方軍集団の第一八軍に第６２１Ｐｋ宣伝中隊、第六軍に第６３７Ｐｋ宣伝中隊、中央軍集団の第四軍には第６８９Ｐｋ宣伝中隊、第一二軍には第６９０Ｐｋ宣伝中隊、第一六軍に第５０１Ｐｋ宣伝中隊、第九軍に第６１２Ｐｋ宣伝中隊、第二軍に第６７０Ｐｋ宣伝中隊が配備された。南方軍集団の第一軍には第６６６Ｐｋ宣伝中隊、第七軍に第６９０Ｐｋ宣伝中隊が配備された。このほか、陸軍総司令部（ＯＫＨ）には特別報道隊員たちもいた。また、空軍の第二航空艦隊に空軍Ｐｋ第2宣伝中隊（Ｌｗ ＫＢＫ２）が、第三航空艦隊には空軍Ｐｋ第3宣伝中隊（Ｌｗ ＫＢＫ３）が配備され、別に第三航空艦隊へ空軍Ｐｋ第5宣伝中隊（Ｌｗ ＫＢＫ５）が派遣されたが、これらのＰｋ部隊は戦線の拡大とともに広範囲に活動した。

当初、海軍には第1から第5までの海軍Ｐｋ宣伝中隊（マリーネ・クリークスベリヒター・コンパニエン＝ＭＡＲ ＫＢＫ）があり、西方戦域では海軍第2Ｐｋ宣伝中隊（ＭＡＲ ＫＢＫ2）が派遣されたのみだったが、ドイツ軍の電撃的勝利により余裕があり広範囲に報道員が散って戦場報道が実施された。なお、西方戦時には海軍Ｐｋ宣伝中隊は半分に分割されて海軍Ｐｋ宣伝隊と称されて各海軍方面司令部に配備された。また一九四〇年から一九四一

〈右〉海軍Pk報道員のギュンター・ロータァ・ブーフハイム(1940年)。
〈左〉シグナル誌の表紙を飾ったＵボート艦上のブーフハイム。

年にかけてＵボート（潜水艦）をもって大西洋で船団を攻撃して大きな戦果を挙げたカール・デーニッツ海軍大将率いるＵボート艦隊司令部（Ｂ・ｄ・Ｕ）にもＰｋ宣伝小隊が配備されて大西洋の戦いを報道した。

海軍報道は地味なものが多く、空軍のような派手さがないために宣伝効果面でゲッベルスはあまりプロパガンダに利用しなかったものの、Ｕボート（潜水艦）のエース宣伝は積極的に行なった。例えば海軍Ｐｋ報道員のロータァ・ブーフハイムによる撃沈スコアを誇るＵボートへの同乗報道がある。

ブーフハイムは一九一八年に東ドイツの小都市ワイマールで生まれた。芸術的な水彩彩色師だった母親の影響を受けて早くから美術の才を発揮し、一四歳のころに天才児ともてはやされて絵画制作を依頼されるほどになった。長じてナチ時代の一九三七年にアビトゥアという大学進学資格をとり、ドレスデン美術大学で学んで新聞と雑誌のイラストレーターとなり、ミュンヘン芸術アカデミーで絵画をマスターした。

一九三九年九月一日の第二次大戦勃発から一年後の一九四〇年九月二十日に、ブーフハイムはドイツ海軍報道部隊（海軍Ｐｋ《ペー・カー》宣伝中隊）の報道絵画家（プレセツァヒナー）となった。すぐにドイツ軍占領下のフランス沿岸海軍基地に配属されて、掃海艇や駆逐艦での同乗報道を行ない多数の記事と写真を発表した。

とくに一九四一年十月二十七日から十二月六日までの四〇日あまり、Ｕ96（潜水艦）の七回目の北大西洋哨戒作戦に同乗報道を行ない、危険で過酷な航海を乗り切ってフランスのサンナゼール港へ無事帰投した。その後、ブーフハイム自身が宣伝誌「シグナル」の一九四二年五月号の表紙を飾ったほどだった。

Ｕ96は哨戒作戦を一一回実施して二八隻一九万一八一一トン撃沈し四隻に損傷をあたえた歴戦艦だったが、五人の艦長のうち最も有名なのは一九四〇年九月から一九四二年三月までのハインリッヒ・レーマン＝ウィーレンブロック大尉である。大尉は撃沈二〇万トンに達して一九四一年二月三十一日に騎士十字章、そして同年十二月三十一日に柏葉騎士十字章を受章し、宣伝省が戦争ヒーローの一人として大衆宣伝に利用した。

なお、ブーフハイムは戦後にブーフハイム出版社を経営してピカソやベックマンらの絵画

〈上〉U96艦長のハインリッヒ・レーマン＝ウィーレンブロック大尉。
〈下〉ブーフハイムが同乗しウィーレンブロック艦長が指揮したU96。

書籍を出版するかたわら、ドイツの表現主義美術画を収集して絵画コレクターとしても著名になり、そのコレクションは世界でも重要なもののひとつとなったが、二〇〇七年二月にミュンヘン近郊フェルダフィンクで八九歳の生涯を閉じている。

北方海軍司令部の宣伝中隊の半分はキール軍港へ、そして残りはノルウェー戦後のベルゲンとバルト方面のリガへ配備され、また、フランスのブロニューの西方海軍司令部とブレスト、ボルドーへ一個Pk宣伝中隊が分割されて配備された。南東海軍司令部へは海軍南東報道大隊、そして半個Pk宣伝中隊がバルカン戦後のギリシャのアテネとルーマニアのコンスタンツァ、および一九四一年のソビエト侵攻後のヤルタへ配備されたほかに、ドイツの同盟国だったイタリア海軍司令部にも海軍第7Pk宣伝中隊が配属されていた。

戦争の進展にともなって国防軍宣伝部と宣伝省は占領国の住民たちに対してPk宣伝部隊の手法だけでは効果が充分ではないと考え、民間の専門家を雇用して占領地へ送り込むことを計画した。この対策の結果が、Pk宣伝隊オランダと北欧州Pk宣伝隊ベルギーであり、フランスはPk宣伝中隊パリ（のちに西方宣伝大隊）だった。

国防軍宣伝部は占領地のラジオ放送局、新聞社を管理下に置いてドイツの新聞や刊行物の出版、配布、販売を行ない、占領地の映画館は「ドイツ週刊ニュース」を上映するために利用された。

こうした急展開により西方電撃戦終了後の一九四〇年七月中旬に最高司令部と宣伝省との連絡将校だったハインツ・シュミトケ大佐がPk宣伝中隊パリの指揮を執ることになった。シュミトケ大佐はフランスのディジョン、サン・ジェルマン、フランス西部のアンジェ、ボルドーに宣伝グループを配備すると、一九四二年末にはリオンへも宣伝部隊を派遣してフランス国内の宣伝態勢を強化した。これら西欧州のPk宣伝部隊は他のPk宣伝部隊よりも独

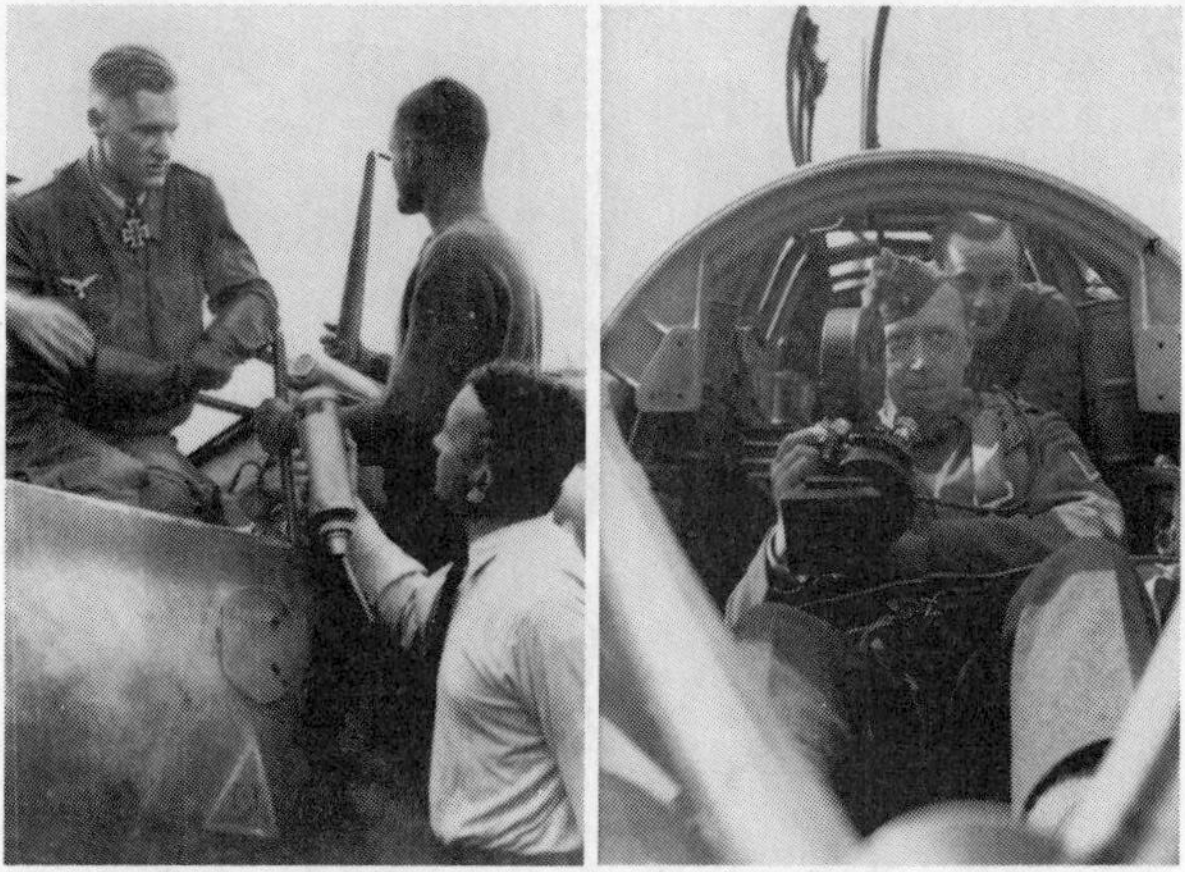

〈右〉軍用機に同乗撮影中の映画カメラマンで機材は35ミリ・アリフレックス映画カメラ。〈左〉ドイツ空軍の空戦エースのひとりだったBf109F戦闘機上のリュッツオー（第3戦闘航空団第I飛行隊長）にインタビューするPk放送記者。

立的な活動をしていたことが「シグナル」誌のフランス語版に見ることができる。

対英戦

フランス占領後にヒトラーは、そう本気とも思えない英国侵攻「あざらし作戦準備」を指令し、これに先立って英国上空の制空権を獲得する航空戦が開始された。ドイツでは「鷲攻撃」（アドラーアングリフで英国は大英航空戦）と呼ばれ、第1、2、3の三個空軍Ｐｋ宣伝中隊が航空戦の戦闘報道をカバーしたが、部隊の出港や上陸作戦に関連ある映画シーンや写真は二種の特別検閲が実施されて厳しく制限されていた。

1944年10月にイタリア戦線にてライカⅢカメラで撮影中の空軍Pk宣伝隊員。

国防軍の英国上陸作戦と英国占領準備にともない、宣伝省も英国の事情や知識を有する報道員を積極的に求めたほかに占領後の住民宣撫の一環としての宣伝ビラがベルリンで印刷され、戦況の進展とともに予定された英国の占領港や占領飛行場へ迅速に送られる計画だったが、結局、上陸戦は実行されなかった。

無論、Pk宣伝部隊の投入も予定されて、英国海峡に展開した第一五軍地区には陸軍第698Pk宣伝中隊が担当し、ノルマンディ地区の第七軍地区は第696Pk宣伝中隊が、そして第一軍管下には陸軍第649Pk宣伝中隊が配備されていた。しかし、一九四〇年十月に上陸作戦は無期延期となり、ヒトラーの真の目的だったソビエト侵攻が決定され、これらのPk部隊は翌年夏のロシア戦線へ投入されることになるのである。

空軍報道カメラマンは英国爆撃を行なう第五一、第五四、第五五の各爆撃航空団（KG）の爆撃機と偵察機に同乗して航空作戦を報道した。しかし、迎撃する英戦闘機スピットファイアやハリケーンの活動が活発なために、空軍宣伝部隊の報道員たちにも死傷者が多く出た。その損害率は過去のポーランドとフランス戦に比べればはるかに高く、一九四〇年末までに空軍Ｐｋ宣伝部隊は五七名の報道員を失っている。

空軍のＰｋ宣伝部隊は航空艦隊本部参謀部に所属していたが、戦線の拡大とともに空軍Ｐｋ宣伝小隊や空軍Ｐｋ宣伝グループに細分化されてゆき、また空軍降下猟兵師団（のち軍団を編成）もＰｋ降下宣伝分隊を配備し、ロシア戦線や一九四三年〜一九四四年のイタリア戦で報道任務についた。良く知られるのは一九四四年一月から五月のイタリア戦線屈指の激戦地だったモンテカッシノの攻防戦時に、少数のＰｋ降下宣伝グループが身を挺して報道活動を行なった戦場写真を今日に残している。

北アフリカ戦線で35ミリ・アリフレックス映画カメラに戦場風景を収めるPk宣伝隊員。

北アフリカ戦

熱砂の北アフリカへも戦線は広がった。一九四〇年九月、イタリアの独裁者ベニト・ムソリーニの命令で、北アフリカのイタリア植民地リビヤからグラチアーニ将軍の指揮する植民地イタリア軍が英植民地のエジプトへ侵攻したが、英砂漠軍の反撃に遭って大敗走した。

ヒトラーは一九四一年三月にエルヴィン・ロンメル中将（のち元帥）が指揮するドイツ・アフリカ軍団（D・A・K）を派遣して英軍と一進一退の攻防を続けた。やがて一九四二年十月に戦力を蓄積したバーナード・モントゴメリー大将の率いる英第八軍の反撃により、独伊軍はエル・アラメイン戦線で敗北を喫してチュニジアへ大敗走する。その後、一九四二年十一月に英米軍が独伊軍の背後に上陸する挟撃により一九四三年五月に独伊軍は壊滅した。

この北アフリカ戦に参加したのはPk宣伝部隊アフリカと第699装甲Pk宣伝中隊、および空軍第7Pk宣伝中隊である。酷熱の戦場で北アフリカ戦の宣伝戦と戦争報道に従事してドイツ宣伝媒体へ大量の写真と記事を提供したが、今日でも多くの映像を見ることができる。このほかに、北アフリカ戦末期の一九四三年初期のチュニジア戦の戦闘報道は、Pk宣伝小隊チュニスが活動し、ドイツ軍壊滅の最後の戦闘は第二航空艦隊所属の空軍Pk宣伝小隊によって記録されている。

ところで、宣伝省が国民的英雄として喧伝したロンメル元帥と、ある信頼で結ばれたPk報道員のアルフレート・インゲマー・ベルント予備少尉がいた。ベルントは一九〇五年四月二十二日にブロムベルグ（ポーランドのヴィドゴシュチュ）で生まれ、第一次大戦の結果として一九二〇年にベルリンのシェーネベルグへ移り一七歳のときにナチ党に入党し、一九二四年には過激な突撃隊員（ＳＡ）となり、ベルリンでヒトラー・ユーゲント（青年団）の拡大に尽力した。

ロンメル元帥(右から３人目)と信頼で結ばれたインゲマー・ベルント(左から２人目)。

このベルントがジャーナリズムに関与したのは一九二八年十二月にドイツの大通信社だったＷＴＢ（ヴォルフス・テレグラフィシュ・ビューロー）に職を得てからだった。ベルントはさまざまな偽名を使って、ゲッベルスが創刊したナチ主義新聞の「デァ・アングリフ（攻撃）」、あるいはナチ党機関紙の「フェルキッシャー・ベオバハター」の論評者（コラムニスト）として活発に活動し、ナチ体制下で高校教師、報道者、文化人が加入するカンプブンド・フェーァ・ドイッチェ・クルトゥーァ（ドイツ文化機構）の長となった。

ヒトラー政権獲得時にはベルントはナチ党報道局ＤＮＢ（ドイッチェ・ナーハリヒトビューロ＝ドイツ報道）の編集主幹となり、一方で総統官房報道部長のオットー・ディートリッヒの補佐もしていた。一九三四年にベルントは突撃隊（SA）から親衛隊（SS）へ転じたが、一九三五年にゲッベルスが宣伝省へ誘い、いくつかの局長を務めて一九三八年にオーストリア併合やズデーテンラント侵攻の宣伝戦の指揮をとった。

第二次大戦開始二日前の一九三九年八月三十日にベルントは宣伝省で放送担当となったが、国防軍へ志願してすべての役職を解かれた。一九四〇年五月のフランス電撃戦にPk宣伝部隊の特殊軍曹報道員として加わり、第六〇五駆逐戦車大隊に所属して、一九四〇年五月に二級鉄十字章、六月に一級鉄十字章を受章している。そして同年八月に宣伝省へもどると『一九四〇年－戦車突破！』という本を刊行したのちに占領下の初代パリ宣伝省支所長となったが、一九四一年五月に再び前線へ出ることになった。

今度はベルントは予備少尉として、北アフリカへ派遣されるアフリカ軍団本部スタッフの一員となった。ロンメルは自分が指揮したフランス電撃戦時の第七装甲師団を描いた報道員アルフレート・シンプケ中尉の著述を不快に感じていたが、それに比べるとベルントは活動的で政治をはじめジャーナリズムの経験が深く、なによりも人間性が好印象をあたえるところとなり、アフリカ軍団長ロンメル中将の戦時日誌を任された。だが、一方でベルントはロンメルが嫌うナチ主義の熱心な信奉者であり党の政治委員でもあった。

一九四一年六月のロシア戦が開始されると、ゲッベルスはベルントを宣伝省へ理事としてもどし、非貴族出身の戦場ヒーローとしてロンメルを宣伝戦で利用していたために、ベルントはロンメルが北アフリカの地を去るまでベルリンと砂漠の戦場を定期的に往来し、ロンメルは彼を信頼して宣伝省における自身の媒体管理者として認めていた。事実、ベルントはドイツ国民の偶像として「砂漠のキツネ」の神話を広めるために大いに努力した。加えて、ベルントはヒトラーの総統本営へロンメルの個人的代表者の役割を引き受けて砂漠の戦場の実態を伝えていた。このために、ヒトラーは一九四三年七月にベルントの貢献に対してドイツ黄金章を与えている。

一方、宣伝省においてベルントは一九四二年末のスターリングラード戦の敗北、一九四三年五月の北アフリカ・チュニジアにおける崩壊、ソビエト軍によるポーランド将兵の虐殺「カチンの森の事件」などの宣伝戦に従事した。また、一九四三年後半の連合軍機の爆撃が激しくなると宣伝省による爆撃損害委員会の長となり、被災人民の救援と都市再建を任務とした。

一九四四年六月のノルマンディ上陸戦後にロンメルは西方軍指揮官となり、連合軍上陸部隊と戦っていた。このときベルントがロンメルを訪問した結果、「戦線は悲観的である」とゲッベルスに報告した。これを聞いたゲッベルスはベルントを敗北主義者と強く非難して、停職を命じてゲッベルスとベルントの間は冷たくなった。

そこで、ベルントは東部戦線の戦闘に志願すると申し出ると、一九四四年九月に親衛隊長官のヒムラーが調停に乗り出してベルントを武装親衛隊ＳＳ大尉（中隊指揮官）として引き

占領地ギリシャで住民に「シグナル」誌を見せるPk宣伝隊員。

取った。東部戦線に出たベルントはSS第五装甲師団ヴィーキング第五戦車連隊第二大隊とともにハンガリーのバラトン湖付近のヴェスプレームで戦闘中、一九四五年三月二十八日にソビエトの急降下爆撃機の攻撃により三九歳で戦死した。

バルカン戦

ヒトラーは一九四〇年十月に中止となった英国上陸に代わり、同年十二月初旬に地中海の入口にある英国の要港ジブラルタルを攻撃する「フェリクス作戦」を計画した。これにともない一個Pk宣伝中隊が南仏のボルドー付近のアルカションで待機していたが、計画そのものがスペインのフランコ総統の反対にあって同年四月に中止された。

他方、ロシア侵攻バルバロッサ作戦に先立って同戦線の南翼の脅威を除去すべく、一九四一年四月にユーゴスラビアとギリシャを攻撃する「バルカン作戦（マリタ作戦）」が行なわれた。ここで、ジブラルタル攻撃のために待機していたPk宣伝中隊がクライスト装甲集団に所属して戦闘報道に従事した。

クレタ島降下作戦

1940年5月、ギリシャの基地でクレタ島降下作戦出撃を前にした空輸部隊。

バルカン作戦でギリシャを制圧したドイツ軍は、一九四一年五月二十日にクルト・シュトゥデント中将指揮下の降下と空輸部隊で構成された第一一空挺軍団を軸にして、ギリシャ本土南方一五〇キロの地中海にあるクレタ島攻撃「メルクール作戦」を実施した。このとき、空軍Ｐｋ宣伝中隊クレタがあったが、これとは別に空軍第4Ｐｋ宣伝中隊と二個空軍降下Ｐｋ宣伝小隊も加わり、陸軍からも三個Ｐｋ宣伝派遣隊が参加した。

Ｐｋ宣伝部隊の報道員は降下兵とともにギリシャの空軍基地から飛び立った三発エンジンのユンカースＪｕ52輸送機から降下し、あるいは突撃グライダーに乗って空輸部隊とともに強行着陸した。ニュース映画カメラマン、写真カメラマン、放送記者たちは戦場から臨場感あふれる報道をベルリンへ送り出したが、そうした報道員の一人である空軍Ｐｋ宣伝中隊のエルンスト・グリュンワァルトは、このときの状況をつぎのように語っている。

「クレタ島降下作戦に加わった私は、カメラマン兼記者のハンス＝ゲオルグ・シュニッツァー、同じくエルウィン・ゼーガー、カメラマンのフランツ・ダーム、ハンス・ヤコビーらと第一一航空軍団所属時に顔馴染となった。我々は機密保持のために派遣先のことは何も知らされなかったが、一九四一年五月二十日の朝にギリシャの第九航空軍団の飛行場から、多数の降下兵が搭乗するユンカースＪｕ52輸送機群と双発機に牽引される空輸突撃兵を乗せたＤＦＳ230グライダーに分乗してクレタ島へ飛行した。

私は第三降下猟兵連隊の指揮官らとともにクレタ島のレチモ地区へパラシュート降下をした。写真カメラマンのビショハウスはヘラクレオン地区へ降下し、写真報道員のハンス・レチェンベルグはカニア地区へ降下した。また、機材を積んだＤＦＳ230グライダーでニュース映画カメラマン、放送記者のシュセイルとラジオ放送技術員のツェーらもカニア地区へ送り込まれた。

ゲオルグ・プファントケ、ルートヴィッヒ・ベイヤー、フリッツ・ヒックらはシネ・カメラと三五ミリ・アリフレックス映画カメラのほかに重い二個のバッテリーを持って降下し、ハインツ＝ブルーノ・フォン・カイザー予備少尉は報道小隊を率いてクルト・シュトゥデント中将の本部とともに降下すると、初日からカニアに近いマレメで激しい戦闘に入った。

降下時にＰｋ報道員は必要機材の携行を命ぜられ、写真カメラマンはライカⅢｃ・三五ミリ・カメラのボディと交換レンズ、露出計、フィルター類、そして六～七本のフィルムおよび補助カメラ（コダックのレチナ）を準備した。通常、肩から斜めに下げるガスマスクの筒型ケースに報道機材を格納携行して、Ｊｕ52輸送機からパラシュート降下中に写真を撮影した。また、他機から投下されるコンテナーにタイプライターや補助カメラが格納されていたが、混戦の中で多くの機材コンテナーを確保することができなかった。

クレタ島降下作戦中のマックス・シュメリング。

英軍の反撃は激しく軽装備のドイツ空挺部隊は大きな損害を被り、戦闘三日目にしてやっとＪｕ52数機をマレメ飛行場へ送り込めるようになった」

クレタ戦中に報道小隊を率いたフォン・カイザー予備少尉はベルリンへ至急報道報告書を送るように命令を受け、最初の五～六本の記事をサイドカーでマレメ飛行場へ運び、そこから負傷者輸送の船団に託してギリシャを経由して航空機便でベルリンへ運んだ。しかし、英軍との戦闘は予想以上に激しく、輸送途上で失われた報告書も多かった。

一九四一年五月末にドイツ空軍第三降下連隊の曹長として降下作戦に参加したマックス・シュメリングは、一九三六年に米国のジョー・ルイスと戦い世界チャンピオンとなった世界ボクシング界の著名人だった。シュメリングはクレタ島降下時に搭乗機が撃墜されて、一時英軍の捕虜となったが、ドイツでは単に負傷したことになっていた。クレタ島のカニアの学校を利用したドイツ軍野戦病院でPk宣伝報道員と外国の一部の報道員も加わり、元気なシュメリングとのインタビューが行なわれて米国のUP通信が世界へ配信したが、これもまた宣伝情報戦の一部となった。

ロシア侵攻バルバロッサ作戦

ヒトラーの終局的目標だった「東方に生活圏（レーベンスバウム）を求める」侵略政策により、ロシア侵攻「バルバロッサ作戦」が一九四一年六月二十二日に開始された。宣伝省で権力を有したゲッベルスだったが、この作戦自体を知ったのは国防軍の連絡将校だったハンス・レオ・マルチン中佐の説明を受けたときだった。こうした事実は、宣伝省が大きく関わったPk宣伝部隊であっても、あくまでも軍の一部であり、軍事行動について宣伝省は蚊帳の外であったことを示している。

ここで、作戦部長のヨードル大将は宣伝部へロシア侵攻バルバロッサ作戦前の準備の一環として作戦の秘匿対策を命じ、ドイツ国民と世界に対する「欺瞞」が実施された。同時に国防軍宣伝部と宣伝省との間を連絡将校が往来して、ソビエト国民が容易に理解できる反ボルシェビキ宣伝ビラの大量印刷が行なわれた。

そして世界の関心を集めながら実質中止となっていた英国侵攻「ゼーレベ（あざらし）作戦」が欺瞞宣伝に利用された。それは、再び上陸作戦が実施されるのではないかと世界の関心を惹くために、占領地フランス、オランダ、ベルギーでの軍事演習や部隊移動などが頻繁に実施され、上陸作戦と関連づける大量の偽無線通信を発信して連合国の情報機関の判断を誤らせようと試みられた。

また、ソビエトに対する侵攻の政治的な理由付けは西欧州諸国に対するものとは大きく異なり、宣伝手段を尽くしてソビエト国民の敵愾心を友好心に変える必要があった。そのためにはソビエト連邦という国家を熟知しなければならなかったが、宣伝省、国防軍宣伝部、国防軍情報部（アプヴェァ）、外務省は秘密国家の政治体制と赤軍、およびソビエト国民の実態に関する分析情報を充分に保有していなかった。

そのような状況であったが、まず、ロシア侵攻「バルバロッサ作戦」のために四個陸軍Ｐｋ宣伝中隊（第637Ｐｋ宣伝中隊、第666Ｐｋ宣伝中隊、第691Ｐｋ宣伝中隊、第695Ｐｋ宣伝中隊）が配備された。また、ロシア戦線後方から地上軍を支援する空軍には三個空軍Ｐｋ宣伝中隊（西プロイセンの第一航空艦隊に空軍第1Ｐｋ宣伝中隊、北ポーランド

〈上〉1941年6月22日、ロシア侵攻バルバロッサ作戦中のドイツ部隊と3号戦車。〈下〉ロシアの戦場。クライスト装甲集団所属の陸軍Pk宣伝部隊員とBMW-R75サイドカー。ライトカバーのPkの文字やサイドカー右前部にPk部隊マークが見える。

〈上〉超望遠レンズで草原に展開する地上部隊を撮影中のPk宣伝部隊カメラマン。〈下〉心理戦。3号Ｈ型指揮戦車の砲塔前面に投降呼びかけ用の拡声器を搭載している。

〈上右〉燃えるロシアの村落を撮影中のPkカメラマンで重いバッテリーを携行している。〈上左〉左方は拡声器を準備している。双眼鏡で状況を見るPk拡声器小隊の指揮官で右は記事を作成する報道記者。〈下〉ロシアの大草原に1人ポツンと座ってタイプで記事を打つPk報道員。

〈上〉ロシア戦線で撮影する映画カメラマンだがバッテリーや機材箱など装備が多い。〈下〉100 ～ 200 ミリ望遠レンズで撮影中の陸軍 Pk 宣伝部隊員。

の第二航空艦隊に空軍第2Pk宣伝中隊、ルーマニアと南ポーランドの第四航空艦隊には空軍第4Pk宣伝中隊）が準備された。

一九四一年六月二十二日、ドイツ地上軍三〇〇万と三〇〇〇両の戦車、空軍機二〇〇〇機をもってロシア侵攻戦が開始された。最初の勝利であるミンスクの包囲戦に始まり、スモレンスク会戦、ウマニの包囲戦、そしてキエフの包囲戦と六月から九月まではドイツ軍の電撃戦が続いた。

勝利の波に乗って対敵宣伝は効果を挙げて、政治委員を含むさまざまなソビエト軍の将兵が投降した。このために国防軍宣伝部はソビエト軍の中で影響力のある政治委員を宣伝機関で逆利用すべしという提案をしたが、戦争指導部が必要なしと拒否したのは結果的に大きな間違いとなった。

ドイツ軍の破竹の進撃という背景もあったが、ソビエト将兵の投降に大きな影響を与えたのは空軍の協力で迅速かつ広範囲に空から散布した宣伝部作成の投降勧告宣伝ビラだった。例えば、北方軍集団によるバルト諸国席巻時にドルパト（エストニアのタルトゥ）とペイプシ湖（エストニア・ロシア国境）間の戦区において、第621Pk宣伝中隊は前線で拡声器車両を用いて赤軍に投降を呼びかけ、じつに二万名以上を投降させた事実をもって例証できる。この宣伝ビラ作戦はロシア人協力者とドイツ人翻訳者の合同チームで作成されたが、ビラの三分の一はベルリンで印刷されたものだった。

〈上〉ロシア戦線で第11装甲師団の1号Ａ型指揮戦車を利用してアスカニア35ミリ映画カメラで撮影中である。〈下〉レニングラードの包囲戦中に壕の中で故郷のニュースを読むドイツ軍将兵。

侵攻年の夏の間は勝利が続いて初期宣伝戦は成功したと判断され、増加する占領地の住民宣撫のためにPk宣伝大隊ウクライナなどが設置されたほかに、住民と武装レジスタンス勢力に対してドイツの政策に協力させることを意図する微妙な宣撫任務もあった。しかし、ロシアの短い夏が過ぎた九月からモスクワ侵攻「タイフン作戦」が開始されたが時すでに遅く、冬季装備のないドイツ軍は厳冬によりモスクワ前面で進撃を阻まれて連戦連勝が止まり、バルバロッサ作戦は成功しなかった。

フェルミー部隊

一九四二年は宣伝戦が最高潮に達した時期であるが、ゲッベルスと宣伝省は英国の勢力の強い中東方面への宣伝戦の必要性を検討していた。ここで、ゲッベルスが担ぎ出したのがヘルムート・フェルミー空軍大将だった。

フェルミーという人物は第一次大戦時に飛行隊長としてトルコ戦線で戦った経験があり、中東情勢に詳しかった。戦後にワイマール共和国軍に残り一九三八年に新空軍の大将となり第二次大戦初期に第二航空艦隊を指揮したが、一九四〇年一月十日にE・ヘーンマンス少佐の操縦するメッサーシュミットBf108タイフン連絡機がベルギー領へ不時着して、同乗の空軍参謀H・ラインベルガー少佐が所持した西方電撃戦に関する機密資料が連合軍の手に渡るというメヘレン事件の責任により解任されていた。

　翌一九四一年五月、国防軍最高司令部がフェルミー大将を特別参謀に登用してイラクへ軍事使節団長として派遣した後、彼は占領下のギリシャ占領軍司令官を経て第三四軍団長となり、一九四四年〜一九四五年までユーゴスラビアで対独パルチザン戦を指揮した。
　一九四二年夏になると、ドイツ軍は息を吹き返して夏季攻勢により南方軍集団は南ロシアから中東方面と接するカフカスの油田地帯へ進撃した。ここでゲッベルスは地域を接する中東に対する宣伝戦計画を持ち出して、中東情勢に詳しいフェルミー空軍大将の指揮下にPk宣伝部隊フェルミーと、「ヴィルデン」と呼ばれる宣伝特別参謀を配置することを国防軍最高司令部へ要請し、イラクのバスラに拠点が設けられた。続いてクランツレイン予備中尉が指揮するPk宣伝小隊フェルミーが編制されて、特殊トラックの移動印刷所、アラビア語通訳、ラジオ・アナウンサーなどを有して活動すべく待機していた。

中東事情に詳しかったヘルムート・フェルミー空軍大将(左端)。

　しかし、一九四二年末から一九四三年一月にかけて南部戦区の要であるスターリングラード攻略戦の失敗により中東宣伝戦は実施されず、拡大が予定されていたPk宣伝中隊フェルミーも編制されなかった。しかし、ドイツ占領下の南ロシアのカルムイク（現、カルムイク共和国）に在ったPk宣伝小隊フェルミーはカスピ海方面で住民に対する宣撫を行なっていたが、一九四二年冬のソビエト軍の攻撃によって壊滅する悲劇に見舞われた。

一九四三年の東部戦線は各地のソビエト軍の反撃により撤退戦が多くなり、それにつれて宣伝態勢の再編成も実施されたが、Pk宣伝部隊の急減はまだ起こらなかった。一九四三年初期には二一個陸軍Pk宣伝中隊（要員は平均一一五名で戦闘宣伝小隊、技術小隊、軽小隊の構成）と七個陸軍報道小隊があり、加えて、国防軍の精鋭部隊である装甲擲弾兵師団大ドイツ（GD＝グロスドイッチュラント）所属の一個Pk宣伝小隊と、ほかに占領地に派遣されて住民宣撫などを行なう八個Pk宣伝大隊があった。

空軍は八個Pk宣伝大隊を構成する二五個空軍Pk宣伝小隊があり、特例としてエリート部隊だった空軍降下猟兵師団（ヘルマン・ゲーリング（HG＝後に空軍装甲師団）に一個空軍Pk宣伝小隊が配備され、ほかに六〜八個の空軍内Pk宣伝小隊（トルッペンベトロイエンと呼ばれた）も存在した。

海軍は三個Pk宣伝大隊と規模を半分にした三個中隊（海軍Pk宣伝中隊とイタリアに一九四三年秋まで一個海軍宣伝Pk中隊）があり、Uボート艦隊には依然としてPk宣伝小隊が常駐していた。

Ｐｋ宣伝部隊は特殊任務部隊だったが、前線で歩兵として敵と交戦することがしばしばあり、損害率もかなり高かった。記録によれば一九四三年までの損害は一〇五八名に達し、戦死者五四六名、負傷者四八〇名、捕虜三二名だった。とくに報道員の損害は写真カメラマンの戦死一三三名、負傷一四六名、捕虜一三名の合計二九二名でもっとも多く、次いでニュース映画カメラマンが戦死一〇六名、負傷一〇六名、捕虜六名だった。他の戦死者は放送記者六二名、宣伝専門家四五名、通訳一九名、新聞記者一三名、絵画家六名と助手など一六二名にのぼった。

負傷したカメラマン。激戦の中でPk宣伝隊員の死傷者も多かった。

撤退戦

これまでにも触れたが、第二次大戦中のドイツ国防軍の軍事広報は勝利のイメージ高揚のために勝利ばかりを発表した。しかし、戦争が長引くと当然ながら決定的な勝利はなくなり、発表される軍事広報と悪化する戦場との乖離があり、その落差をドイツ軍部隊の将兵が認識するところとなった。まだ勝利が続いていた一九四一年九月初旬のスモレンスク東方の「エリニャ作戦」時でさえ、地上部隊のある兵士がこう語っている。「軍事広報は計画的撤退と発表されたが、我々にとっての事実は絶望的な退却であり連日勝利の発表は戯言でしかなかった」

一九四一年十月二日に遅すぎたモスクワ侵攻「タイフン作戦」が発起されたときの国防軍広報が示した、相変わらずの勝利を示唆する楽観的観測をゲッベルスは国民に悪影響を与えると危険視した。そこでゲッベルスは傘下の報道機関に幻想的な勝利のトーンではなく用心深い表現を用いるようにと指示し、一方で作戦部長のヨードル大将に国防軍広報の勝利と楽観的調子を避けるように要請した。

だが、一九四一年十月十六日の国防軍広報は、再びモスクワ前面のソビエト防衛線の崩壊が目前であるという楽観的な勝利予測を発表した。そしてドイツ軍は厳冬のモスクワ前面でソビエト軍の反撃を受けて進撃が止まり撤退にいたるのである。

また一九四二年八月に行なわれた宣伝省と国防軍最高司令部間の戦況検討会議において、戦争の長期化が認識されるようになったとき、ゲッベルスは従来から懸念を持っていた勝利の公表ばかりの国防軍軍事広報に国民の気のゆるみの観点からくり返して苦言を呈したが、一九四二年九月のキエフの包囲戦など一連の戦術的勝利がその要請を吹き飛ばしてしまった。

やがて、先の見えない戦争に続く国防軍の失敗により、国民の士気維持という宣伝省の舵取りは一層難しいものとなっていった。

また、軍事広報に現われたもう一つの勝利の幻想ケースを一九四二年末／四三年初めのスターリングラード戦に見ることができる。一九四二年八月の軍事広報は目標地に到達しないうちからスターリングラードの地名が戦場ポイントとして現われ、ゲッベルスは前年のモスクワ攻略戦の失敗があり、報道機関にスターリングラード戦について国民に過大な期待を抱かせない表現を用いるように命じた。

一九四二年十一月中旬まで、スターリングラードではパウルス大将率いるドイツ第六軍が薄い包囲陣を敷いていた。しかし、十一月十九日にソビエト軍の「ウラヌス反撃作戦」により包囲網が突破されて、逆包囲を受ける深刻な事態となった。これに対して、十一月十九日から二十四日までに発表された国防軍軍事広報はロシア南戦区でソビエト軍による攻撃があったとしたが、第六軍の崩壊危機については何も言及されなかった。

ドイツ第六軍に真の危機が迫った一九四二年十一月二十四日になってから、国防軍軍事広報は「ソビエト軍がドイツ軍戦線を突破して目下激しい戦闘中である」と発表したが、完全に逆包囲された状況には触れなかった。その後も「防御戦闘中」とか「ドイツ第六軍は西方から切り離された」などと曖昧な発表をくり返した。

だが、外国の短波放送がスターリングラード戦でドイツ第六軍の決定的な敗北を放送するに至り、一〇万名のドイツ兵がスターリングラードで壊滅したという噂がドイツ国内で拡大

〈上〉スターリングラードへ13キロ！　ドイツ軍が最接近した地点だった。〈下〉スターリングラードの激戦。歩兵を支援する3号F1突撃砲。こののちドイツ第6軍は壊滅して戦況は急落する。

し始めた。国民の動向を調べる親衛隊（ＳＳ）の保安秘密警察（ＳＤ）は、軍事広報と実態の乖離が国民の間で不安を引き起こしていると報告した。

年が変わって一九四三年一月十六日になり、国防軍広報はスターリングラードの逆包囲戦を認めたが最悪の状況についての言及はわずかだった。他方、ゲッベルスはスターリングラード戦を契機として国民に戦争の真実を公表して衝撃を与えることで、楽観主義から結束へと移行させて戦争の継続を図る宣伝策を実行するため、苦難の国防軍を描写する宣伝素材の報告を戦場のＰｋ宣伝部隊へ求めた。

一方、一九四三年からゲッベルスはヒトラーの承認のもとで、第一次大戦時の参謀次長だったエーリッヒ・ルーデンドルフ元帥の言葉を借用した「トタレンクリーク」、すなわち総力戦をモットーとして国家宣伝へ突き進んだ。国防軍広報は矛盾ばかりとなると、自称「現実主義者」のゲッベルスはこれからが我が宣伝省の出番だと一層活動的となった。

確かに幾種かの回顧録によれば、国防軍と宣伝省の摩擦は他の政府機関同士に比べればかなり少なかったとしている。しかし、当事者だった国防軍宣伝部長のウェーデル少将の回顧録は宣伝省との関係は難しいものもあったと描写されている。これはつねに宣伝戦に関与する姿勢を保持したゲッベルスの言動を指すのは明らかである。

国防軍総司令部作戦部長のヨードル大将とゲッベルスは、スターリングラード戦の敗北後においても国防軍広報が軍と国民をつなぐ重要な手段だという点では一致していた。英国の歴史家ダニエル・ユーツィルの『宣伝の戦士（プロパガンダ・ウォーリアア）』によれば、国防軍広報はジャーナリズムへの情報提供だけでなく、Ｐｋ宣伝部隊の宣伝素材を生み出す根底を「ドイツ戦士の精神と優越特性」に置いていたと分析している。

戦争後半に戦況が悪化してくると、ゲッベルスは「ドイツ週刊ニュース」で用いるフィルムの節約を指令した。そのときのあるカメラマンの日誌には「長期戦争で『ドイツ週刊ニュース』の制作が続行されても我々は国民に見せるものが何もない」と記されている。

このような現実は宣伝省の指令に対してＰｋ報道員たちが、しだいに距離を置くようになったことを示している。実際に一九四二年末から一九四三年一月にかけてのスターリングラード戦の敗北と同年五月の北アフリカ・チュニジアでの独伊軍の壊滅によって、Ｐｋ宣伝部隊撮影の映画や写真の量は大きく減少していた。

また、独ソ戦の軍事的な大きな転機の一つは、一九四三年夏の東部中央戦線クルスクにおけるソビエト軍の突出部を挟撃するドイツ軍の「ツィタデル作戦（城塞＝クルスク会戦）」であるが、ヒトラーの逡巡により作戦発起の機会を逸して主導権がソビエト軍へ移り、以降のドイツ軍は防御戦一方となった。続いて西方では一九四三年七月〜九月の英米連合軍によるシシリー島とイタリア本土上陸、そして一九四四年夏の連合軍のノルマンディ上陸により再びドイツは第一次大戦と同じく、東西の二正面から大圧力を受けて急速に崩壊にいたるのである。

〈上〉1943年7月、独ソの大会戦「城塞(ツィタデル)」戦中のSS第2装甲師団ダスライヒのティーガー1重戦車。〈下〉こちらもクルスク戦時の第52戦車大隊の新鋭5号パンター戦車。この戦いは失敗に終わりソ軍が戦場の主導権を握った。

〈上〉ゲッベルスとボルマンが編み出した老人と子供と負傷兵による国民突撃隊。〈下〉1944年12月末に発起されたヒトラー最後の攻勢「ラインの守り作戦」時にSS部隊を撮影するPk宣伝カメラマン(右端)。

国家宣伝政策上でＰｋ宣伝部隊の活動が成果を挙げたのは、戦争初期の電撃戦の勝利の時期から一九四二年までの占領地行政との連携期間であった。しかし、戦争後半になるとＰｋ宣伝報道員がもたらす部分的な勝利を示す一種の期待的報道もあったが、結局、戦略と連携しない戦争宣伝報道はドイツ国民を動かせず、国外の信頼度も薄れて価値がなくなっていった。しだいにドイツの敗勢は誰の目にも明らかとなったが、それでも戦争末期まで国民を引っ張り続けたのはゲッベルスの宣伝省であった。

1945年4月初旬にヒトラー・ユーゲント隊員を叙勲するヒトラー。最後の「ドイツ週刊ニュース」フィルムとなった。

Ｐｋ宣伝部隊は大戦終末期の一九四五年初期でも陸軍カメラマン八五名、海軍カメラマン四二名、空軍カメラマン四六名　武装親衛隊（ＳＳ）カメラマン四六名の計二一九名が活動していた。この時期になっても「ドイツ週刊ニュース」撮影のために相当量の映画フィルムが戦場へ送られたが、戦況の悪化により実際の撮影量はずっと少なかった。一九四四年十二月末から一九四五年一月まで行なわれた、ヒトラー最後の攻勢である「ラインの守り作戦（バルジ戦）」の初期攻勢時のＳＳ武装親衛隊を撮影した映画フィルムが米軍に捕獲されたのはよく知られる事実である。

終局的な「ドイツ週刊ニュース」の一本はベルリン陥落直前に総統壕付近でヒトラー・ユーゲントの少年隊員に鉄十字章を授与する生気の抜けたヒトラーを撮影したものであり、国防軍軍事広報の最後はベルリンの総統壕で自殺したヒトラーの後継者に指名されたカール・デーニッツ海軍総司令官が、一九四五年五月九日に行なった戦争終結放送であった。

全体主義の中で国民を従属させる国家ぐるみの宣伝態勢の一つに組み込まれ、戦場を家庭に持ち込むツールの一つに組み込まれたPk部隊と報道員たちの功罪が、戦争が終結して二〇年後の一九六五年になってからドイツで論争が起こったことがあった。

しかし、元Pk宣伝部隊の報道員やカメラマンたちは、すでにドイツの主要な報道機関や企業でジャーナリストとして中心的役割を担っていた。例えば、海軍Pk報道員のローター・グンタァ・ブーフハイムはUボート（潜水艦）の同乗従軍記を発表して世間の注目を浴びた。

空軍Pk宣伝中隊の報道員だったカール・ホルツァマーはマインツに本拠を置く非営利のドイツ第二ZDFテレビ局（ツェット・デー・エフ）の製作者になったし、同じ報道員のマルチン・S・スボボダは公営国際放送のターゲスシャウ（デーリー・ニュース）の役員となった。

報道員ペーター・フォン・ツァーンはハンブルグに本拠を置く週刊新聞の編集長を務め、

カメラマンのフリッツ・ケンペはハンブルグの写真通信社ハンブルグ・ランデスビルトシュテレの役員となり、さらに数名のカメラマンは連合国の報道組織で新たな人生を送っていた。

Acknowledgement:（謝辞）
For assistance in the compilation of materials for this book, thanks are due to Mr. J. Pavey, Mr. R. Murray, H.Harrison and Mr.Davidson, UK. But in particular the staff of Imperial War Museum library and photographic library who always unflagging assistance to researchers.
Picture credits（写真提供）
Imperial War Museum, London, UK., National Archive, Washington D.C., U.S.A., Bundesarchiv, Koblenz, Germany, ECPA, Paris, France, and Mr. Davis, UK., and Author's collection.

主要参考文献

Joseph Goebbels, by Curt Riess, Ballantine Books, New York,1960
Propaganda, by Anthony Rhode, Magna Books,1993
Propaganda Kompanien, by Nicolas Ferard, Historie & Collection, Paris,2014 (PK War Reporters of the Third Reich)
Posters that Won the War, by Drek Nelson, Motorbooks International,1991
Nazi Propaganda and the Second World War, by Ariestole A. Kallis, Palgrave Machmillan,2008
Who's who in Nazi Germany, by Robert S. Wistirich, Routledge, London,1982
Die Propagandatruppen der deutschen Wehrmacht, by Hasso von Wedel, Neckermunde Verlag, 1962
das Boote, by Lother-Gunther Buchheim, Verlag GmbH,1978
The Rise and Fall of the Third Reich , by William L.Shirer
（第３帝国の興亡１巻から５巻 東京創元社刊 井上勇訳）

NF文庫書き下ろし作品

NF文庫

ドイツ国防軍宣伝部隊

二〇二一年三月二十二日　第一刷発行

著　者　広田厚司

発行者　皆川豪志
発行所　株式会社　潮書房光人新社
〒100-8077　東京都千代田区大手町一-七-二
電話／〇三-六二八一-九八九一(代)
印刷・製本　凸版印刷株式会社
定価はカバーに表示してあります

ISBN978-4-7698-3205-8　C0195
http://www.kojinsha.co.jp

NF文庫

刊行のことば

第二次世界大戦の戦火が熄《や》んで五〇年——その間、小社は夥しい数の戦争の記録を渉猟し、発掘し、常に公正なる立場を貫いて書誌とし、大方の絶讃を博して今日に及ぶが、その源は、散華された世代への熱き思い入れであり、同時に、その記録を誌して平和の礎とし、後世に伝えんとするにある。

小社の出版物は、戦記、伝記、文学、エッセイ、写真集、その他、すでに一、〇〇〇点を越え、加えて戦後五〇年になんなんとするを契機として、「光人社NF（ノンフィクション）文庫」を創刊して、読者諸賢の熱烈要望におこたえする次第である。人生のバイブルとして、心弱きときの活性の糧《かて》として、散華の世代からの感動の肉声に、あなたもぜひ、耳を傾けて下さい。